PRÉCIS

sur les

EAUX MINÉRALES

des

PYRÉNÉES ET DE LA GASCOGNE

ET SUR LES BAINS DE MER

Précédé d'une notice sur les bains en général

PAR B. VERDO,

Docteur-médecin.

DEUXIÈME ÉDITION,

accompagnée d'une vignette gravée sur acier et d'une carte.

PARIS

LIBRAIRIE DE VICTOR MASSON,

17, PLACE DE L'ÉCOLE-DE-MÉDECINE.

MDCCCLV

PRÉCIS

SUR

LES EAUX MINÉRALES

———

— CORBEIL, IMPRIMERIE DE CRÉTÉ. —

PRÉCIS

SUR LES

EAUX MINÉRALES

DES

PYRÉNÉES ET DE LA GASCOGNE

ET SUR LES BAINS DE MER

Précédé d'une notice sur les bains en général

PAR B. VERDO,

Docteur-médecin.

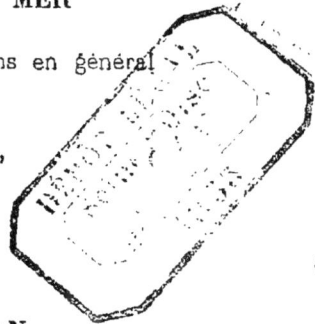

DEUXIÈME ÉDITION,

Accompagnée d'une vignette gravée sur acier et d'une carte.

PARIS

LIBRAIRIE DE VICTOR MASSON,

17, PLACE DE L'ÉCOLE-DE-MÉDECINE.

MDCCCLV

AVANT-PROPOS.

De tous les pays que la nature a gratifiés du bien-fait des eaux minérales, il n'en est peut-être aucun dans lequel elle les ait répandues avec plus de profusion et de libéralité que dans les Pyrénées ; il n'en est pas qui présente un assortiment de sources plus variées, soit par leur composition chimique, soit par leur température ou leurs vertus médicatrices ; de telle sorte que, quoique les eaux de nature sulfureuse y soient incomparablement les plus nombreuses et les plus actives, il n'en est pas moins vrai cependant qu'on y trouve, comme pour compléter cette vaste officine médicale, toutes les autres variétés d'eaux, acidules-gazeuses, ferrugineuses ou salines, dont se compose la thérapeutique hydro-minérale. On peut donc dire avec raison que l'ensemble de toutes ces sources forme un système hydrologique complet, renfermant des eaux minérales, analogues à toutes celles que l'on trouve ailleurs, sinon, peut-être, par la composition chimique, du moins par les propriétés thérapeutiques; de sorte que si on sait tirer parti de ces puissantes ressources médicales, si, après avoir fait un choix éclairé, on sait en diriger l'usage avec sagesse et avec méthode; on pourra guérir par ce moyen toutes les maladies qui sont du domaine des eaux minérales en général.

Aussi trouve-t-on sur toute l'étendue de la chaîne des Pyrénées de magnifiques établissements thermaux, qui chaque année, par de nouvelles guérisons, justifient la grande réputation dont ils jouissent.

Et maintenant, si l'on considère que ce pays joint à un des plus beaux climats de notre France, une nature riche et brillante, l'abondance et la variété de ses produits, l'aspect sévère et romantique des montagnes, à côté de fertiles et riantes vallées; enfin tout ce qui peut élever et passionner l'âme, comme tout ce qui peut rendre la vie agréable; on comprendra l'intérêt puissant qui attire dans ces contrées le touriste, le penseur, le savant ou l'artiste aussi bien que le malade, et l'on ne sera plus étonné de cette foule d'étrangers, qui leur apportent chaque année l'abondance et la richesse en échange de la santé ou des plaisirs qu'ils viennent y chercher.

Les eaux minérales des Pyrénées ne pouvaient manquer d'attirer l'attention des chimistes et des médecins. — Les premiers les ont analysées avec soin, et elles ont été, de la part des autres, l'objet de sérieuses observations dont les résultats sont consignés dans des monographies, dont quelques-unes sont fort remarquables. J'ai essayé de réunir dans ce livre tous ces travaux épars, et de faire l'histoire et la description de chaque source, de manière à présenter un répertoire dans lequel le malade pût choisir le moyen de traitement qui conviendra le mieux à sa maladie, à son tempérament, à son âge et à son idiosyncrasie. Pour agrandir et compléter ce cadre, j'ai ajouté aux sources des Pyrénées celles qui se trouvent dans la région qui s'étend au pied de ces montagnes, entre l'océan Atlantique et les rives de la Garonne, autrement dit, toute la province de Gascogne, de sorte que ma circonscription embrasse les départements des Basses-Pyrénées, des Hautes-Pyrénées, de la Haute-Garonne, de l'Ariège, des Pyrénées-Orientales, du Gers, des Landes et une partie du Lot-et-Garonne et de la Gironde.

Placé à portée d'étudier ces sources, je les ai visitées presque toutes, et j'ai été à même d'en observer les effets autant sur moi-même que sur un certain nombre de malades. — De plus, j'ai pu joindre à mes observations personnelles celles qui m'ont été communiquées par l'obligeance de mes confrères. Ce qui m'a été d'un grand secours dans l'accomplissement de la tâche que je m'étais imposée.

Sans accorder à l'analyse chimique plus d'importance qu'elle n'en mérite réellement, et sans prétendre expliquer par elle tous les effets des eaux, j'ai cru cependant qu'elle ne devait pas être négligée, persuadé qu'elle est toujours d'un grand poids dans l'indication thérapeutique et dans l'appréciation des faits ; c'est pourquoi j'ai apporté un soin extrême à recueillir les analyses qui m'ont paru les plus récentes et les plus complètes : — mais je me suis attaché surtout à noter les effets des eaux sur l'homme sain aussi bien que sur le malade ; car l'observation est encore le guide le plus sûr, pour nous diriger dans l'emploi de ce genre de médication.

Des modifications importantes ont été apportées dans un grand nombre d'établissements thermaux des Pyrénées, et quelques-uns d'entre eux sont même encore en voie de reconstruction ou de perfectionnement. On a découvert de nouvelles sources fort intéressantes, et l'expérience tend à modifier ou à étendre chaque jour l'usage des sources anciennes. Il était indispensable de signaler ces divers mouvements et je me suis efforcé, sous ce rapport, de me tenir à la hauteur du progrès hydrologique.

J'ai cru qu'il ne serait pas inutile de faire précéder mon travail d'une étude sur les bains en général, sur les bains de vapeur, les douches, les affusions, etc. On trouvera l'occasion de faire une application fréquente de ces principes généraux, à propos de l'usage des eaux minérales. — Enfin j'ai placé à la fin de mon livre un chapitre consacré aux bains de mer, qui tendent à prendre chaque jour une nouvelle importance, et qui rentrent du reste dans le domaine des eaux minérales.

Tout le monde sait que les voyages, le changement d'air et de climat, l'exercice, les distractions, les impressions agréables, contribuent pour beaucoup aux bons effets des eaux, dans le traitement des maladies ; ces moyens nous appartenaient donc de plein droit, et nous ne pouvions nous dispenser de signaler rapidement les ressources qu'offre chaque localité pour les besoins, pour les plaisirs ou l'agrément des malades. De plus, nous avons donné un aperçu topographique succinct des environs de chaque source ; nous avons noté les distances, indiqué les lieux ou les objets qui méritaient d'être visités, lesquels se trouvent en si grand nombre dans le pays qui nous occupe. De sorte que notre livre peut, jusqu'à un certain point, servir de guide pour le voyageur aussi bien que pour le malade.

PRÉCIS

SUR

LES EAUX MINÉRALES

DES PYRÉNÉES

CHAPITRE Iᵉʳ.

DES BAINS EN GÉNÉRAL.

SOMMAIRE.

Origine et histoire des Bains. — Bains des Grecs et des Romains. — Bains turcs. — Bains russes. — Des bains, tels qu'ils se pratiquent chez nous. — Division des bains. — Bains froids. — Bains frais. — Bains tièdes ou tempérés. — Bains chauds. — Des bains composés ou médicamenteux. — Des bains de vapeur. — Des douches. — Des affusions. — De la méthode hydrothérapique.

L'origine des bains, comme celle de tous les usages qui répondent aux premiers besoins de la vie, remonte à l'antiquité la plus reculée. Les hommes commencèrent d'abord par plonger dans la mer ou dans les fleuves voisins leurs membres fatigués et couverts de poussière. Bientôt l'art vint perfectionner une pratique dont la nature avait fait connaître les avantages ; on introduisit l'eau dans les habitations

on la chauffa, on y mêla des substances étrangères
destinées à en augmenter l'effet, de telle sorte que
l'usage des bains se propagea rapidement et entra
dans les habitudes de la vie domestique. Les législa-
teurs et les fondateurs de religions imprimèrent encore à cet usage un caractère sacré en le recom-
mandant aux peuples au nom de la Divinité et en
les faisant entrer dans les pratiques du culte. La
médecine vint à son tour emprunter aux bains de
puissantes ressources pour combattre les maladies.
Il suffit de lire les divers ouvrages d'Hippocrate pour
juger combien, de son temps, on avait déjà fréquemment recours à ce moyen. Lorsque le hasard eut ré-
vélé la vertu des eaux minérales, elles furent très-
recherchées et en grande vénération. Enfin on bâtit
des établissements publics destinés aux bains. Les
Romains, qui avaient commencé, au temps de leur
pauvreté, par se baigner dans le Tibre, poussèrent
bientôt plus loin que tous les autres peuples le goût
des bains, et ils les entourèrent de tous les raffine-
ments que peuvent suggérer le luxe et la volupté.
Partout où s'étendirent leurs armes victorieuses, ils
élevèrent des monuments destinés à cet usage, et
dont plusieurs sont encore debout pour nous donner
une idée de l'importance qu'ils y attachaient. Outre
les établissements publics, chaque personne riche
avait encore dans sa maison un appartement destiné au bain, où elle passait une partie de la journée.

De nos jours encore, en Russie, en Finlande, en
Turquie, en Égypte, sur les côtes nord de l'Afri-

que, etc., on trouve, dans les plus petits villages, des établissements où le bain, par la modicité du prix, est mis à la portée de tout le monde. Nous sommes bien éloignés, nous qui nous vantons cependant d'être le peuple le plus civilisé du monde, d'un pareil degré de perfectionnement; et l'on peut dire que si la France est le pays où l'on a le plus écrit sur les bains, c'est aussi celui où l'on se baigne le moins. Sans parler des campagnes, où l'usage des bains est presque complétement inconnu et où le médecin éprouve les plus grandes difficultés à le faire prendre comme remède, dans nos villes mêmes, une grande partie de la population s'abstient du bain. On ne saurait trop répéter à ces personnes qu'indépendamment des avantages de propreté, elles se privent d'un excellent moyen de réparer leurs forces épuisées, de faciliter l'action des organes, d'entretenir l'équilibre des fonctions, et qu'enfin, à l'aide de cette pratique, elles pourraient éviter un grand nombre des maux qui les affligent. Il serait à désirer que, comme en Turquie et dans les autres pays que nous avons déjà nommés, chaque commune un peu importante possédât, en France, un établissement de bains accessible à tout le monde. C'est aussi indispensable, selon nous, que les hospices et les maisons d'asyle. Les médecins feraient sentir aux populations les avantages qu'elles pourraient retirer de la fréquentation de ces lieux, et nous croyons pouvoir affirmer qu'à l'aide de cette pratique on verrait en peu de temps la génération devenir plus saine, plus robuste, plus en état de supporter la fatigue et de braver les intempéries. Nous osons espérer qu'avant peu notre société, qui s'occupe aujourd'hui si activement de l'amélioration des classes pauvres, s'empressera de réaliser un progrès aussi salutaire (1).

On pourrait, par exemple, à l'imitation des Romains qui se baignaient collectivement dans de vastes bassins appelés *piscines*, et comme cela se pratique encore dans quelques-uns de nos établisse-

(1) Au mois de décembre 1850, M. Dumas, alors ministre des travaux publics, présenta à l'Assemblée nationale la demande d'un crédit de 600,000 francs, pour encourager dans les communes la création de *bains et lavoirs publics*. L'emprunt fut voté. C'était peu, mais c'était un encouragement ; cet encouragement n'a pas été compris, et, sauf quelques améliorations opérées dans les grandes villes, les choses en sont restées ailleurs à peu près dans le même état.

Nous empruntons au *Moniteur* un tableau succinct de l'état balnéaire actuel de la ville de Paris ; on pourra en conclure pour la province.

« Il y a en ce moment à Paris 125 établissements de bains, comprenant près de 6,000 baignoires et distribuant annuellement, soit sur place, soit à domicile, près de 2 millions de bains, ce qui revient, en moyenne, à 2 bains par habitant, indépendamment de ceux qu'on prend en pleine Seine, pendant les chaleurs. Le prix des bains, anciennement fort élevé (2 fr., 1 fr. 50 c., puis 1 fr.), est maintenant descendu à 60, 50, 40 et même 30 c. ; mais ce prix est encore trop élevé pour la classe pauvre.

« L'Angleterre, plus arriérée il y a huit ans, est aujourd'hui beaucoup plus avancée. En 1846 et 47, le parlement a déterminé les formes d'après lesquelles, dans tout le royaume, les bourgs et les paroisses peuvent, à l'aide d'impôts, créer de pareils établissements, pour lesquels les prix des bains, chauds ou froids, en bassins de natation, en douches ou vapeur, sont fixés à 5, 10 ou 20 c. »   (*Moniteur* du 18 mars 1853.)

ments thermaux, on pourrait, dis-je, construire des réservoirs où les bains se prendraient en commun, et je suis persuadé qu'il en résulterait pour le baigneur de grands avantages. D'abord on serait plus à l'aise et on pourrait changer de position; on prendrait son bain agréablement, en causant avec son voisin; de cette manière, il produirait de bien meilleurs effets, et puis il coûterait bien moins cher. Toutes ces considérations feraient que les bains seraient beaucoup plus fréquentés; on se rendrait là comme à un lieu de réunion et de plaisir où l'on trouverait à la fois l'agrément et la santé.

Dans notre société inquiète et tracassière où l'on est sans cesse agité et tourmenté par mille passions, par mille intrigues, par mille intérêts divers, on dérobe avec regret une heure par semaine à ses affaires pour la consacrer à un soin si important pour la santé. Il faut l'opulente mollesse des anciens Romains, il faut la vie calme et oisive des Ottomans pour savourer le bain avec tout le raffinement voluptueux que ces deux peuples y ont apporté. Sans conseiller à nos compatriotes un pareil excès de luxe, nous désirerions cependant les voir faire un usage un peu plus fréquent du bain. A Rome, tout le monde se baignait, excepté, peut-être, ces versificateurs dont parle Horace qui, pour se donner un air inspiré, se tenaient fort salement et fuyaient les bains : *balnea vitat,* dit le poëte. Que de gens chez nous qui, sans avoir la plus petite prétention poétique, n'ont cependant jamais plongé leur corps dans un liquide quelconque !

Hâtons-nous de dire cependant, pour notre justification, que, de toutes les manières de se baigner, la nôtre est, sans contredit, la plus monotone et la moins attrayante, et que c'est à cela, sans doute, qu'il faut attribuer le peu de vogue que les bains ont chez nous. On se plonge, comme chacun sait, dans une baignoire étroite et mal commode, où toute espèce de mouvement est impossible ; on passe une heure dans une eau qui, trop chaude au moment où l'on y entre, est trop froide lorsqu'on en sort ; on s'essuie à la hâte ; on s'habille transi de froid et l'on s'empresse de quitter ce lieu de supplice. Que l'on compare maintenant cette manière de se baigner aux pratiques variées, aux soins minutieux dont certains peuples entourent leurs bains, et l'on comprendra facilement le puissant attrait qu'ils doivent avoir pour eux.

Afin de faciliter ce rapprochement, avant de parler de nos bains, nous allons essayer de tracer ici une esquisse rapide des bains des anciens et de ceux qui sont en usage chez quelques nations contemporaines.

Bains des Grecs et des Romains.

Comme on peut en juger par la lecture de divers passages de l'Odyssée, les Grecs connaissaient déjà l'usage des bains chauds, du temps d'Homère. Ils prirent d'abord ces bains dans l'intérieur de leurs maisons. Plus tard, ils bâtirent, à côté de leurs gymnases, des bains publics où ils allaient, après les jeux, se reposer et réparer leurs forces. Les Romains, qui empruntaient aux étrangers tous les usages qui leur paraissaient bons, importèrent chez eux celui des bains grecs, et bientôt le poussèrent au plus haut degré de perfectionnement. Nous croyons donc qu'il suffira de décrire ici les bains romains, qui sont une copie brillante de ceux des Grecs, pour donner à la fois une idée des uns et des autres.

Les établissements publics que les Romains appelaient *Thermæ* ou *Balnearia*, étaient des édifices considérables. On y prenait des bains d'eau chaude, des bains d'eau froide et des bains de vapeur. Le milieu de l'édifice était occupé par un vaste bassin nommé *aquarium*. Non loin de là, se trouvait le *vasarium*, salle qui contenait trois vases, appelés *milliaria*, et remplis, séparément, d'eau froide, tiède et chaude. Ces trois vases communiquaient par des tuyaux, d'un côté avec l'*aquarium* qui leur fournissait l'eau, et de l'autre avec les salles de bains, auxquelles ils la distribuaient.

Ces salles étaient : la salle des bains d'eau chaude, *calidæ lavationes ;* le *tepidarium*, étuve humide ; le *calidarium* ou *laconicum*, étuve sèche, et le *frigidarium*, bain d'eau froide.

Ces diverses salles, excepté le *frigidarium*, étaient chauffées par une énorme fournaise, *hypocaustum*, qui se trouvait au-dessous d'elles. Le feu en était entretenu par des esclaves nommés *fornacatores*. On brûlait, dans cette fournaise, toute espèce de bois, excepté l'olivier.

Les étuves étaient circulaires et voûtées. Au sommet se trouvaient deux ouvertures : l'une, pour donner du jour ; l'autre, destinée à laisser passer l'air, et recouverte d'un bouclier d'airain mobile que l'on élevait ou abaissait, à l'aide d'une chaîne en métal, selon que l'on voulait augmenter ou diminuer la chaleur. Dans la salle du bain d'eau chaude se trouvait un vaste bassin nommé *lavacrum* ou *oceanum* ; on y descendait par des degrés sur lesquels on pouvait s'asseoir.

La personne qui venait pour se baigner, commençait par se déshabiller dans l'*apodyterium,* puis passait dans l'*unctuarium,* où on la frottait d'huile. Elle entrait ensuite dans le bain proprement dit, *calidœ lavationes,* où, après l'avoir inondée d'eau chaude, on lui passait sur le corps une espèce de brosse, *strigil.* Elle se rendait, de là, successivement, dans le *laconicum,* puis dans le *tepidarium,* enfin, dans le *frigidarium,* où se trouvait un vaste bassin d'eau froide, *piscina,* assez grand pour qu'on pût s'y livrer à l'exercice de la natation. En sortant de la piscine, on était essuyé avec soin, puis les *reunctores* frottaient de nouveau les baigneurs et les enduisaient d'huiles odorantes ; ils étaient ensuite massés par les *tractatores*, puis épilés par les *alipili* ; enfin, on les couvrait d'un sindon ou toile de lin, et ils revenaient s'habiller dans l'*apodyterium.*

Nous passons sous silence une infinité de détails qu'il serait trop long d'énumérer ici ; il faut voir dans le musée de Pompéïa, à Naples, la prodigieuse quantité d'ustensiles et de vases destinés à ces bains, pour s'en faire une idée.

Le service était fait par un grand nombre d'esclaves qui avaient chacun un nom et un emploi particulier ; le *balneator* était le chef de l'établissement.

Le bain se prenait ordinairement avant la cène, qui était le repas du soir ; on le payait un *quadrans*, le quart d'un *as* (moins d'un sol de notre monnaie). Les jours de fête, on accordait au peuple le bain gratis, comme aujourd'hui le spectacle.

Au commencement, les hommes et les femmes se baignaient séparément et tout se passait selon les règles de la plus sévère morale ; mais bientôt, malgré les édits d'Adrien et des empereurs vertueux, les sexes finirent par se mêler, on confia le service des bains aux plus belles esclaves de l'Asie, et ces lieux devinrent le théâtre de la prostitution la plus effrénée, de la plus monstrueuse débauche, comme savait seul en faire le peuple-roi, qui nous a surpassés autant par ses vices que par ses vertus.

Dans les thermes bien organisés, il y avait un jardin et des allées ombragées, où l'on allait causer et se promener, avant ou après le bain ; il y avait une bibliothèque et une académie, où les rhéteurs venaient discuter. Enfin, dans le palestre, on se livrait à tous les exercices du champ de Mars ; on lançait le disque ou le javelot, on jouait à la paume, on disputait le prix à la lutte ou à la course.

Mécène bâtit le premier bain public, et ces établissements prirent bientôt un accroissement considérable. Publius Victor en compte déjà huit cents, et du temps de Pline ils devinrent encore beaucoup plus nombreux. D'après la description que nous venons d'en faire, on peut juger de l'immensité de ces édifices ; Ammien Marcellin, pour donner une idée de leur étendue, les compare à des provinces : *in modum provinciarum extructa balnea.* Dans les thermes de Caracalla, par exemple, il y avait mille six cents siéges en marbre et trois mille personnes pouvaient s'y baigner à la fois.

Ces édifices étaient pour la plupart revêtus de marbre et décorés avec le plus grand luxe. C'est dans leurs ruines que l'on a trouvé les plus beaux chefs-d'œuvre de l'art antique (1).

Enfin les thermes des Romains sont restés les plus impérissables de leurs monuments, et les ruines qui sont encore debout attestent suffisamment leur ancienne splendeur et leur magnificence ; l'église des Chartreux, à Rome, est formée d'une salle des thermes de Dioclétien,

Nous renvoyons les personnes qui désireraient avoir de plus amples renseignements sur les bains des Romains, à Vitruve, Athénée, Pline le jeune et Pétrone.

Bains des Turcs.

A l'exemple de la plupart des fondateurs des religions de l'antiquité, Mahomet imposa le bain aux croyants comme un devoir religieux. Aussi le bain

(1) On sait, par exemple, que l'Hercule de Glycon a été trouvé dans les ruines des thermes de Caracalla, de même que le Torse antique, la Flore, deux Gladiateurs, Atrée et Thyeste, le Taureau dit Farnèse ; sans compter une infinité d'autres objets de sculpture, des vases, des médailles, des camées, etc.

et la prière ont-ils à peu près la même part dans
leur culte, et partout où l'on trouve une mosquée on
trouve aussi un établissement de bains. Ce soin
semble plus important pour eux que celui de l'alimentation (1).

Voici comment se prennent ces bains : vous vous
déshabillez d'abord dans un vestibule assez vaste
et garni de divans ; on vous jette ensuite sur les
épaules un drap de coton dont vous vous enveloppez ;
on vous met aux pieds des sandales de bois, pour
les préserver de la chaleur des dalles, et l'on vous
fait passer immédiatement dans une salle voûtée qui
reçoit le jour par en haut, et dans laquelle plusieurs
tuyaux versent sans cesse une vapeur chaude. En
entrant, vous respirez un air brûlant, votre poitrine
est oppressée, votre corps chancelle, vos yeux s'ob-
scurcissent, et vous essayez de revenir en arrière.

Cependant on vous fait asseoir sur un banc de
pierre, et bientôt vous vous habituez à cette température, qui finit par vous paraître fort douce ; puis
on vous fait passer dans une autre salle, semblable
à la première, mais où la vapeur est plus chaude.
Après une courte station, pour vous habituer à cette
nouvelle température, vous passez dans une troisième salle, plus chaude encore que les deux autres,

(1) Nous avons fait, à ce sujet, une remarque assez singulière : c'est que, dans les quartiers de Constantinople ou de
Smyrne qui sont habités par les Turcs, on ne trouve pas de
restaurant, tandis qu'il y a partout des bains ; dans les quartiers francs de ces mêmes villes, au contraire, les bains disparaissent complétement pour faire place aux restaurants.

dans laquelle se trouvent plusieurs bassins d'eau à
différents degrés. Là, une faiblesse générale s'empare bientôt de tous vos membres, d'où découle une
sueur abondante. Alors un garçon des bains s'empare
de vous, vous étend sur une natte, vous arrose d'eau
et vous passe sur tout le corps un gant de cuir ou
de crin, qui débarrasse la peau des matières grasses
et des débris d'épiderme qui la couvrent. Ensuite il
vous tourne et vous retourne, vous presse et vous
pétrit les chairs avec sa main, vous tiraille les membres et fait craquer chaque articulation. Ces ma-
nœuvres portent le nom de *massage*. On vous couvre
ensuite le corps d'une mousse de savon parfumé,
et l'on vous verse sur la tête plusieurs seaux d'eau
chaude, à diverses températures, en passant successivement de la plus basse à la plus élevée.

Ces diverses opérations terminées, vous sortez de
là en repassant par les salles par lesquelles vous êtes
venu, et dont l'air vous paraît frais. Vous y restez
quelque temps, pour vous habituer à la transition ;
on vous essuie avec soin la tête et le corps ; on vous
couvre de linge de coton, et vous arrivez enfin dans
le vestibule dans lequel vous avez déposé vos habits.
Vous vous couchez sur un divan et, pendant que
vous prenez du café et que vous fumez un chibouck,
on vient vous masser de nouveau ; après quoi vous
passez quelques heures, plongé dans un état de délicieuse quiétude, entre le sommeil et la veille.

En sortant de ces bains, on sent ses forces répa-
rées, on est plus agile et plus dispos, la peau est
douce, fraîche et moelleuse, les membres sont plus

flexibles et plus vigoureux ; en un mot, on se trouve tout régénéré.

Tels sont ces bains, comme nous les* avons pris nous-même en Turquie, en Grèce, en Afrique; tels ils se pratiquent, à peu de variations près, en Perse, en Égypte et dans l'Inde.

Bains des Russes.

Les Russes , les Finlandais et la plupart des peuples du Nord prennent aussi des bains de vapeur à une température très-élevée. En Russie, les établissements de bains se composent d'une seule salle construite ordinairement en bois, autour de laquelle règnent de larges banquettes disposées en degrés. Au milieu de cette salle se trouve un vaste fourneau chargé de cailloux de rivière rougis par le feu. On verse de l'eau sur ces cailloux et il s'en dégage à l'instant une vapeur ardente qui remplit bientôt toute la salle.

Les personnes qui viennent prendre ces bains commencent, après s'être déshabillées, par se soumettre à l'action de cette vapeur sur les gradins inférieurs, où la température est plus modérée, et elles s'élèvent ensuite, successivement, jusqu'aux gradins supérieurs, où la vapeur est brûlante (de 50 à 56° c.). On les fustige légèrement par tout le corps avec des branches de bouleau, pour augmenter la chaleur et la rougeur de la peau ; et on fait pleuvoir sur elles, de la voûte, une pluie fine d'eau chaude. On leur verse ensuite plusieurs seaux d'eau froide sur le corps, ou bien elles sortent pour aller se plonger dans un étang, à l'air libre, ou se rouler dans la neige.

Après le bain, les Russes prennent une boisson composée de bière, de vin blanc et de tranches de citron dans laquelle ils trempent quelques rôties de pain, puis ils se reposent quelque temps sur un lit. Le *mougick* ou serf avale un verre d'esprit de grain et retourne à ses travaux. Ces bains sont très-fréquentés en Russie, où ils sont un besoin pour le peuple : on en trouve à peu près dans chaque village.

Nous bornerons là ce que nous avions à dire sur les bains des différents peuples, et nous allons nous occuper maintenant de ceux que l'on prend chez nous.

DES BAINS TELS QUE NOUS LES PRATIQUONS.

En France, le *bain* est l'immersion du corps dans l'eau ou dans un liquide quelconque : ce bain est dit *général* ou *partiel*, selon que le corps est plongé en entier ou en partie : il est employé comme moyen *hygiénique* ou *thérapeutique*. La médecine emploie encore le bain sous forme de *douches*, de *vapeur*; elle mêle à l'eau des principes médicamenteux, ce qui constitue les *bains composés*.

Les bains simples produisent sur l'économie des effets très-variés et qui sont plus ou moins marqués, selon l'intensité de leurs diverses propriétés, selon le tempérament ou le genre de maladie de celui qui se soumet à leur influence. Les principaux modes d'action du bain sont : la pression qu'exerce sur le corps un milieu plus dense que l'atmosphère et quelquefois la percussion (bains de rivière, bains de mer) ; l'action de l'eau sur la peau, l'assouplissement, le ramollissement, l'abstersion, enfin la température. Cette dernière propriété est la plus active et la plus importante ; c'est aussi d'après elle que l'on établit généralement la division des bains. Nous allons donc, suivant les usages déjà reçus, étudier successivement :

Le bain froid, de 5 à 15 degrés centigrades.

Le bain frais, de 15 à 25. —

Le bain tiède, de 25 à 35. —

Et enfin le bain chaud, de 35 à 45 ou 46, dernier terme que les observateurs n'ont pas dépassé.

Est-il nécessaire de faire remarquer ici que ces divisions sont approximatives et purement arbitraires ; et que, par conséquent, elles n'ont rien d'absolu ? En effet, le bain qui paraîtra chaud à telle personne, peut paraître tiède ou même frais à telle autre, et réciproquement. C'est donc d'après l'impression que le bain produit sur la sensibilité de chaque individu, plutôt que d'après le thermomètre, que l'on devra se régler pour fixer le degré de température que doit avoir le bain.

I. — *Bain froid, de 5 à 15 degrés centigrades :* La première impression que l'on éprouve, en entrant dans *le bain froid,* est un frisson général, accompagné d'un sentiment de constriction pénible. La res-

piration est courte et saccadée, la peau se contracte
et s'horripile, les membres sont raides et engourdis,
et un tremblement convulsif s'empare de tout l'individu. Bientôt, par suite du resserrement que le
froid produit sur les tissus, les humeurs qui les pénètrent, refoulées de la périphérie, se concentrent
sur les organes intérieurs et gênent leurs fonctions.
Alors le pouls se ralentit, il devient petit et serré ;
la respiration, à cause de l'engorgement des poumons, est pénible et difficile ; des douleurs se font
sentir dans la tête et dans l'épigastre. Si le bain est
très-froid, les genoux s'entrechoquent par un tremblement convulsif, la face est pâle et livide, les yeux
sont caves, le nez effilé, la peau se couvre de plaques violettes, la mâchoire inférieure est tremblante,
les membres, raides et endoloris, se prêtent difficilement aux mouvements qu'on veut leur faire exécuter ; enfin, il survient un sentiment général de
malaise si grand, que l'on est forcé de sortir de
l'eau au bout de quelques minutes : il serait même,
alors, imprudent de prolonger ce bain plus longtemps, car on s'exposerait à des accidents graves, à
des apoplexies mortelles. Lorsque, après s'être essuyé, on a repris ses vêtements, il s'établit bientôt
une réaction, marquée par un sentiment de chaleur
agréable qui s'exalte plus tard et devient brûlante.
Les humeurs refluent vers la périphérie, le pouls
devient, large et plein, et enfin toutes les fonctions
finissent par reprendre leur cours habituel.

D'après le tableau que nous venons de tracer du
bain froid, on peut juger combien ce moyen est

violent et combien, par conséquent, il doit être
administré avec circonspection et discernement.
Ainsi donc, nous ne sommes pas partisans de cette
école qui a pris récemment naissance en Allemagne,
et qui, sous le nom d'*hydrothérapie*, prétend, à l'aide
de l'eau froide, guérir toutes les maladies (1); et nous
croyons que ces bains ne conviennent pas aux tempéraments irritables, aux personnes menacées d'ané-
vrysme, aux sujets faibles, aux vieillards naturellement prédisposés aux congestions et chez lesquels
les réactions s'opèrent difficilement ; mais nous
croyons aussi qu'on peut en retirer de grands avantages, comme moyen tonique, pour raffermir les
tissus, stimuler les organes paresseux et activer
les fonctions chez les sujets mous et lymphatiques :
nous croyons que le trouble qu'ils apportent dans
toute l'économie et la réaction dont ils sont suivis peuvent être mis à profit pour opérer la résolution de certaines maladies chroniques telles par
exemple, que l'engorgement des organes digestifs,
les rhumatismes, etc., etc.

Quelques peuples du Nord ont l'habitude de plonger leurs enfants nouveau-nés dans l'eau froide ou
dans la glace, pour les endurcir contre les intempéries.

Quoi qu'aient pu dire certains philosophes, et
même quelques médecins, pour nous conseiller d'en
faire autant, nous croyons, pour notre part, qu'un
pareil exemple n'est pas bon à suivre. Ce traitement

(1) Nous reviendrons sur ce sujet dans le cours de ce chapitre.

violent doit produire des secousses funestes sur le
système nerveux des enfants qui y sont soumis,
contrarier leur développement et empêcher cette
dépuration salutaire que l'on remarque à cet âge, et
qui s'opère par des éruptions cutanées. Marcard
nous apprend en effet que la peau des enfants élevés d'après ce régime est rugueuse, sèche, coriace.
Enfin nous croyons que la plupart des sujets qui
n'apportent pas en naissant une constitution robuste,
doivent succomber à une épreuve aussi rude. C'est,
tout bonnement, l'application du système des anciens Spartiates, qui se débarrassaient des enfants
malingres et débiles, pour ne conserver que ceux
qui étaient bien constitués. Il faut donc laisser à la
barbarie ces usages sauvages et nous en tenir à nos
habitudes.

II. — *Bain frais, de* 15 *à* 25 *degrés centigrades.*
Le bain *frais* est celui que l'on prend en été, dans
les rivières ou dans la mer, lorsque l'eau est convenablement chauffée par les rayons du soleil, et que,
d'un autre côté, l'excès de la chaleur fait rechercher
les moyens d'en tempérer les effets. C'est le bain
dans toute sa simplicité primitive. En entrant dans
ce bain, on est d'abord saisi d'un léger frisson accompagné de spasme, d'un sentiment de malaise ;
la respiration est irrégulière et précipitée ; mais ces
symptômes disparaissent promptement pour faire
place à une agréable sensation de fraîcheur. Les
forces vitales réagissent, la peau devient rouge, le
pouls est plus accéléré qu'avant l'immersion, on

éprouve de fréquents besoins d'uriner, qui sont occasionnés par la suspension de la transpiration. Si l'on reste trop longtemps dans ce bain, il survient un nouveau frisson, les membres deviennent raides, on ressent des douleurs musculaires, des crampes, de la céphalalgie ; la peau pâlit, le pouls devient plus lent. Il est prudent de ne pas attendre ce moment pour quitter le bain.

Le bain frais est très-salutaire, surtout pour les personnes qui s'y livrent à l'exercice de la natation. Après l'avoir pris, on se sent plus fort et plus dispos ; il augmente l'appétit, facilite la digestion et active toutes les fonctions ; il fortifie les organes, raffermit les chairs, durcit la peau et diminue les pertes qu'occasionne la transpiration. Il convient singulièrement à l'espèce de constitution particulière aux femmes, aux organisations faibles et délicates, à ceux dont les fibres sont flasques et molles, aux constitutions paresseuses qui ont besoin d'être stimulées. Mais, pour produire tous les bons effets qu'on en attend, ce bain doit être pris au grand air, dans une eau courante ou dans la mer, et non dans une baignoire.

Quoique le bain frais soit plutôt hygiénique que thérapeutique, on l'emploie cependant dans le traitement de certaines affections, comme tonique ou comme sédatif ; l'immersion subite peut produire aussi des effets perturbateurs fort avantageux dans certains cas. Ce bain convient surtout aux rachitiques, aux scrofuleux ; on y a recours avec avantage dans les leucorrhées opiniâtres, dans certains cas d'aménorrhée, lorsqu'elle est occasionnée par une trop grande irritabilité de l'utérus ; c'est un excellent moyen de déterminer l'apparition des menstrues chez les jeunes filles chlorotiques. Mais dans tous les cas, il est important de mesurer la température et la durée de ce bain aux forces de l'individu; car, si sa constitution manquait de l'énergie nécessaire pour opérer une réaction, il pourrait en résulter les accidents les plus funestes.

Les sujets pléthoriques, les vieillards, ceux qui sont prédisposés aux congestions, aux hypertrophies du cœur, sujets aux éruptions cutanées, ceux qui ont la poitrine délicate ou malade, doivent en user avec le plus grand ménagement. Les femmes s'en abstiendront, pendant l'époque de leurs règles, et même quelques jours avant ou après. Il est inutile de dire que, dans tous ces cas, ce bain est d'autant plus contre-indiqué que sa température se rapproche davantage des degrés inférieurs de l'échelle que nous avons établie.

On ordonne le demi-bain de rivière ou de mer aux jeunes filles, à l'époque de la puberté, lorsque les organes qui devaient opérer, à cet âge, l'évacuation sanguine, manquent de l'énergie nécessaire pour accomplir cette fonction. Il est très-avantageux aussi contre les incontinences d'urine, chez les enfants débiles, et contre les pollutions nocturnes.

Nous aurons occasion de revenir sur le bain frais en parlant des bains de mer.

III. — *Bain tiède de 25 à 35 degrés centigrades.*
Le bain *tiède* ou *tempéré* est celui que l'on prend ordinairement chez soi ou dans les établissements publics. Ce bain doit être chauffé, dans ses degrés les
plus élevés, au-dessous de la température du sang,
qui, comme l'on sait, est de 36 à 37°. On n'y doit
éprouver ni la sensation de froid ni celle de chaleur.
Ce n'est pas le thermomètre qui peut fixer le degré
de calorique que l'on doit donner pour cela à ce bain,
puisque, comme nous l'avons déjà dit, l'impression
varie selon les dispositions individuelles de chaque
personne.

Le bain tiède fait éprouver une légère sensation
de chaleur accompagnée d'un sentiment de bien-
être et de quiétude remarquables. Sous son influence, le pouls devient moins fréquent, la respiration est plus lente, la peau se gonfle et devient
plus souple; elle est débarrassée de cet enduit qu'y
forment la transpiration et la poussière, cause in-
cessante d'irritation, et qui peut occasionner une
infinité de maladies. C'est donc un moyen indispensable de propreté, qualité si essentielle à la conservation de la santé. Il s'opère dans ce bain une
absorption considérable, ce qui provoque de fréquentes envies d'uriner. On évalue à quinze cents
grammes la quantité d'eau qui peut être absorbée
par un adulte, dans l'espace d'une heure. Par suite
de cette absorption, tous les tissus sont dilatés; une
bague au doigt y devient trop étroite. En sortant, on
sent une légère impression de froid, qui cesse dès
qu'on a été essuyé et qu'on a repris ses vêtements.

Le sentiment de bien-être qu'on y a éprouvé se prolonge encore le reste de la journée. On est délassé, rafraîchi, plus dispos; on renaît à une existence purifiée. La durée moyenne de ce bain est d'une heure environ.

Le bain tiède est essentiellement hygiénique ; il convient aux personnes dont les facultés sont parfaitement équilibrées, pour entretenir cette harmonie ; il rétablit le cours régulier des fonctions, qui s'exercent avec plus d'aisance et de liberté ; il facilite la circulation à la périphérie et favorise la transpiration cutanée. Les femmes surtout l'emploieront avec avantage, elles dont la santé dépend absolument d'une régularité parfaite dans la circulation. Il repose les membres fatigués, relève et répare les forces et dispose à de nouveaux travaux. On y a recours avec avantage, après les excès qui épuisent les ressources de l'organisation, après les longs exercices du corps et de l'esprit. Il tempère l'activité ou l'ardeur des sens et apaise le tumulte des passions. Les jeunes gens y puiseront le calme de l'imagination et il mitigera cette impétueuse ardeur pour les plaisirs, si naturelle à leur âge. Il dissipe le trouble causé par les violents accès de colère ou de mélancolie ; enfin, il détend les nerfs, adoucit le caractère et dispose à la bonne humeur et à la gaieté. Il retarde l'invasion des rides de la vieillesse en entretenant la plénitude et la souplesse des tissus. — Avis aux dames. —

Il rend très-susceptible aux intempéries de l'atmosphère, et, lorsque son usage est trop fréquent, il énerve et affaiblit l'organisme.

Le bain tiède n'est pas moins thérapeutique qu'hygiénique. Dès la plus haute antiquité, on avait reconnu combien son emploi pouvait être utile dans le traitement des maladies, et Hippocrate, dans plusieurs passages de ses ouvrages, mais surtout dans son *Traité des maladies aiguës*, le préconise comme un remède des plus efficaces. C'est, en effet, un des plus puissants moyens antiphlogistiques, et, à ce titre, la longue liste des phlegmasies réclame son concours. Il est cependant proscrit dans les affections de la poitrine ; non qu'il ne pût être fort utile dans ces maladies, mais son emploi nécessiterait une infinité de précautions minutieuses dont l'omission pourrait causer les plus graves accidents.

Par son action directe sur la peau, le bain tiède convient parfaitement dans la plupart des affections de cet organe : squammes, papules, pustules, etc. On ne l'emploie cependant pas chez nous dans les exanthèmes aigus, quoique dans certaines contrées, en Hongrie, par exemple, on l'applique avec le plus grand avantage dans les maladies de ce genre, comme la petite vérole, la rougeole, etc., etc.

Mais c'est surtout dans les névroses que l'usage des bains tièdes est efficace ; telles que l'hystérie, la nymphomanie, la danse de Saint-Guy, le satyriasis, les palpitations, les vapeurs, les convulsions, si fréquentes chez les enfants, et les cas d'hypochondrie accompagnée de chaleur, de céphalalgie avec insomnie opiniâtre, etc. On ne les négligera pas dans l'aménorrhée et dans la dysménorrhée.

Ils sont très-utiles dans les hernies, l'iléus, par la

distension qu'ils opèrent sur les fibres ; ils disposent aux grandes opérations chirurgicales et à l'accouchement. Enfin, on n'en finirait pas, si on voulait énumérer toutes les maladies dans lesquelles on les emploie avec succès. Cependant leur effet étant surtout antiphlogistique et calmant, on comprend que leur usage doit être proscrit dans ces maladies asthéniques où l'organisation a besoin surtout d'être stimulée ; comme dans les scrofules, le scorbut, la chlorose, l'anémie ; dans les fièvres hectiques, dans l'épuisement qui suit les longues maladies, dans l'hydropisie, les hémorrhagies passives. Hippocrate dit : *Il faut se garder de baigner les sujets faibles.*

Le *bain de siége tiède* est employé pour faciliter l'écoulement des menstrues ou celui des hémorrhoïdes, ou pour rappeler cet écoulement, lorsqu'il a été suspendu par une cause quelconque. Il est très-favorable, comme moyen antiphlogistique, dans les inflammations des organes génito-urinaires des deux sexes. Dans tous les cas il supplée, jusqu'à un certain point, le bain général. Les femmes ne doivent pas le négliger comme moyen de propreté, après les pertes mensuelles.

IV. — *Bain chaud de 35 à 45 degrés centigrades :* Le *bain chaud*, chauffé au-dessus de la température du sang, est peu employé comme remède et jamais comme moyen hygiénique. Cependant quelques physiologistes s'y sont soumis pour en observer les effets et l'ont poussé jusqu'à 45 ou 46° c., terme que l'on a rarement dépassé ; et voici ce qu'ils ont observé :

En entrant dans ce bain, on éprouve un frisson, une horripilation, comme dans le bain froid ; mais cette sensation est bientôt remplacée par un sentiment de chaleur pénible et insupportable qui fait rechercher l'air frais. La peau se gonfle, sa température augmente, elle devient d'un rouge érysipélateux ; la respiration est anxieuse et fréquente, le pouls est accéléré, la face est vermeille et injectée, il en découle une sueur abondante ; tout le corps se dilate sensiblement ; la bouche est pâteuse, la soif ardente ; il survient des palpitations, de la pesanteur de tête, des bâillements fréquents, des vertiges, de la somnolence ; les facultés intellectuelles sont plus obtuses : enfin, si l'on s'obstine à pousser l'expérience trop loin, on s'expose à des syncopes, à l'apoplexie, à des hémorrhagies graves.

Quelques-uns des symptômes que nous venons de décrire persistent encore plusieurs heures après le bain. Il laisse toujours après lui une grande faiblesse, de la fréquence dans le pouls et une disposition à transpirer.

Le bain chaud, comme nous l'avons déjà dit, n'est jamais employé dans un but hygiénique, mais l'excitation passagère qu'il produit à la peau, ses propriétés révulsives et sudorifiques sont utilement exploitées par la thérapeutique. On l'applique avec avantage au traitement des phlegmasies cutanées chroniques, des rhumatismes chroniques, des paralysies locales. On l'a employé encore au début de la petite vérole, lorsque l'éruption se faisait trop attendre. On a tiré parti de la propriété dont il jouit de provoquer d'abondantes sueurs, pour le traitement de la syphilis. Enfin on l'a essayé, mais sans beaucoup de succès, pour réchauffer les malades, dans la période algide du choléra. Ce bain est rarement employé en médecine et on le remplace avantageusement par le bain de vapeur, qui produit les mêmes effets sans exposer aux mêmes dangers.

Le *bain de pieds très-chaud* est employé tous les jours comme révulsif. Il appelle vers les parties immergées un afflux dérivatif fort utile dans les céphalalgies, les anévrysmes, les angines, les ophthalmies, les congestions cérébrales, les migraines, etc., etc. Il s'opère alors une excitation locale, un accroissement de vie qui rompt l'équilibre des forces et les détourne de l'endroit où elles étaient d'abord en excès. On rend ce bain plus efficace en y faisant dissoudre des matières excitantes, alcalines ou acides, de la moutarde, etc.

Préceptes généraux relatifs aux bains.

D'après ce que nous venons de dire, on voit que les bains, aux degrés extrêmes de notre division, (bains froids, bains chauds), sont très-rarement employés chez nous, tandis qu'aux degrés moyens, (bains frais, bains tièdes), ils sont d'un usage extrêmement fréquent. Maintenant il est facile de comprendre que ces bains peuvent se varier, se modifier à l'infini, selon l'âge, le sexe, le tempérament de l'individu; selon le climat et la saison; enfin, selon le genre de maladie auquel on l'applique et l'effet thérapeutique qu'on veut en obtenir. Les femmes

sont, en général, douées d'une sensibilité plus
grande, plus délicate que celle des hommes ; il faut
donc, autant que possible, leur ménager les causes
d'excitation, et c'est pour cela qu'il faudra employer
pour elles les bains chauds ou froids avec la plus
grande réserve ; il en est de même des enfants. On
ne les prescrira jamais aux vieillards : la tendance
à l'endurcissement des tissus, aux congestions cérébrales, à l'apoplexie, est si grande chez eux, qu'on
doit redouter d'en hâter ou d'en déterminer les accidents. Il n'en est pas de même des bains tièdes
qui conviennent éminemment à toutes ces personnes.

En général, lorsqu'on veut appliquer les bains
chauds ou froids à un tempérament faible ou dé-
licat, il serait prudent de commencer par le bain
tiède et de faire d'abord de courtes immersions, en
augmentant peu à peu la durée, en même temps
qu'on élèverait ou qu'on abaisserait la température.
A l'aide de ces précautions, on éviterait les dangers
auxquels expose l'impression trop brusque que produit un bain chaud ou froid.

Il arrive quelquefois qu'un bain dont on espérait
les plus heureux résultats produit des effets tout opposés, sans qu'on puisse expliquer ces effets autrement que par la répugnance. Certaines personnes,
en effet, éprouvent pour le bain une telle aversion,
une telle horreur, si l'on peut parler ainsi, que la
seule idée de l'immersion les remplit d'effroi. A
peine sont-elles dans l'eau, qu'elles ont des convulsions ; elles poussent des cris, se débattent, suffo-

quent, perdent connaissance. Chez de pareils hydro-phobes, le bain serait plutôt nuisible qu'utile, et il faut renoncer pour eux au bénéfice de ce puissant moyen de traitement.

Il est bon de faire, avant et après le bain, un léger exercice qui ne doit jamais être poussé jusqu'à la fatigue. On ne se plongera pas dans le bain pendant qu'on est en sueur.

On aura soin de ne jamais entrer dans le bain frais pendant le travail de la digestion ; mais, au sortir du bain, on pourra prendre quelques aliments légers avec un peu de vin généreux. Les mêmes précautions, quoique moins indispensables pour le bain tiède, ne sont pas cependant à dédaigner.

Pendant l'été, il faut éviter de prendre le bain frais sous les coups des rayons ardents du soleil qui pourraient occasionner des congestions cérébrales, des érysipèles, etc. On choisira donc, pour se baigner, un lieu ombragé, ou bien on se baignera de préférence le matin, avant le lever du soleil, ou le soir, après son coucher.

On doit avoir soin, lorsque l'on est dans le bain frais, de se mouiller la tête, afin d'éviter les congestions. C'est pour avoir négligé cette précaution que l'on sort le plus souvent de ce bain avec de la céphalalgie.

Lorsqu'on prendra le bain chaud, il faudra éviter les transitions subites de température. Avant de sortir au grand air, on restera quelque temps dans un appartement médiocrement chauffé.

Il faut toujours avoir soin, en sortant du bain, de

bien s'essuyer avec du linge sec et de se vêtir chaudement.

Tels sont les conseils que nous avons à donner aux personnes qui prennent des bains. — Nous en avons un aussi pour celles qui les négligent : c'est de se baigner plus souvent.

Si le bain est opportun, si le moment est favorable, si la température est appropriée à l'idiosyncrasie de l'individu, si son emploi est bien indiqué, en un mot, si toutes les conditions ci-dessus sont bien observées, on est en droit d'attendre du bain les résultats les plus efficaces. « Les baings tant na-
« turels qu'artificiels, dit Ambroise Paré, sont re-
« mèdes fort loüables et sains, s'ils sont pris en temps
« deu, et quantité et qualité conuenables, comme
« tous autres remèdes, mais s'ils ne gardent telles
« reigles ils nuisent grandement : car ils excitent
« horreurs, frissons et douleurs, densité de la peau,
« débilitent les facultés de notre corps et apportent
« plusieurs autres dommaiges (1). »

BAINS COMPOSÉS OU MÉDICAMENTEUX.

Lorsque les organes digestifs sont déjà irrités ou affaiblis au point de faire redouter l'administration de certains médicaments trop violents, lorsque l'estomac éprouve de la répugnance pour quelques substances, soit végétales, soit minérales, on fait dissoudre ces substances dans un bain qui les transme

(1) AMBROISE PARÉ, OEuvres complètes, l. XXV, c. XLII.

3.

à l'économie, par voie d'absorption. On emploie encore ce procédé pour les maladies de la peau. Dans ce cas, le remède étant appliqué directement sur le mal, agit d'une manière immédiate. Enfin, pour produire des faits analogues à ceux des bains minéraux, on mêle à l'eau du bain une ou plusieurs des substances qui se trouvent dans ceux-ci. Tous ces bains qui tiennent en dissolution des matières étrangères à l'eau naturelle s'appellent *bains composés* ou *médicamenteux*. Nous renvoyons au chapitre suivant pour ce qui regarde l'imitation des eaux minérales, de sorte qu'il ne nous reste qu'à parler en peu de mots des autres bains composés.

L'iode et les préparations iodurées, mêlés au bain, ont été beaucoup préconisés dans le traitement des affections scrofuleuses. Outre les effets généraux qui résultent de l'emploi de l'iode, ces bains produisent à la peau une excitation qui peut être très-avantageuse, et nous pensons que, dans beaucoup de cas, cette manière d'administrer ce médicament doit être préférée à toute autre.

Une solution de quatre à trente grammes de deuto-chlorure de mercure dans un bain remplace avec avantage les préparations mercurielles à l'intérieur, dans le traitement de la syphilis, surtout pour les accidents consécutifs. Nous avons été témoin nous-même des heureux résultats de cette méthode qui met à l'abri d'une partie des ravages que le mercure exerce sur l'économie, ravages souvent bien plus funestes que la maladie elle-même.

On fait dissoudre de la gélatine dans le bain pour

produire un effet émollient ou sédatif; ce genre de préparation, qui imite la glairine des eaux sulfureuses, entretient le moelleux et le satiné de la peau et remplace les bains d'huile et de lait qui étaient autrefois fort en usage et qui sont aujourd'hui presque complétement abandonnés.

On sait que Poppée, femme de Néron, se faisait toujours suivre, dans ses voyages, de plusieurs centaines d'ânesses, destinées à fournir du lait pour son bain.

On rend les bains narcotiques, calmants ou émollients, par la décoction de plantes jouissant de ces propriétés. Les plantes aromatiques et les labiées en général leur impriment au contraire une vertu excitante.

Nous ne dirons rien des bains de sang chaud, de marc d'olives, de marc de raisin, etc., complétement abandonnés de nos jours.

BAINS DE VAPEUR.

L'usage des *bains de vapeur* vient des anciens : on sait à quel degré de raffinement ils avaient été portés chez les Romains. Les Orientaux ont hérité de cette méthode dont ils font une pratique très-fréquente comme nous l'avons dit plus haut : elle est aussi fort en vogue chez les peuples du Nord. Dans ces climats, les fonctions de la peau, contrariées par le froid, s'exercent difficilement et rendent l'usage de ces bains presque indispensable (1).

(1) Malgré la différence des procédés, dit M. Andriel, le bain

Le goût des bains de vapeur fut apporté en France par les croisés qui en avaient éprouvé les bons effets en Orient. Après avoir joui longtemps d'une grande vogue, ces bains tombèrent cependant peu à peu en désuétude, et ils étaient complétement abandonnés lorsque, il y a quelques années, on chercha à les réhabiliter. Plusieurs établissements se fondèrent en France, parmi lesquels nous devons citer les magni-fiques Néothermes de la rue Chantereine, à Paris, qui ont essayé de nous rappeler le luxe des thermes romains. Malgré ces efforts, on n'a pu réussir à rendre ces bains populaires, et ils ne sont employés chez nous que comme moyen thérapeutique.

Les bains de vapeur se prennent à l'étuve sèche (*laconicum*), ou à l'étuve humide (*tepidarium*) : ces derniers sont seuls en usage en France. On les administre ordinairement dans des étuves disposées à peu près sur le modèle des bains russes dont nous avons donné la description. C'est une chambre construite en maçonnerie et voûtée, dans laquelle la vapeur pénètre par un tuyau. Tout autour sont des gradins disposés en amphithéâtre. Les malades commencent d'abord par s'asseoir sur les gradins infé-rieurs et s'élèvent ensuite successivement vers le

russe atteint le même but que le bain oriental, celui de rendre moins incommodes les brûlantes chaleurs du Midi et le froid glacial du Nord. Au Caire, le bain se termine par l'immersion dans l'eau chaude, afin de rendre le baigneur moins sensible aux ardeurs du soleil; à Moscou, le bain finit, au contraire, par des immersions froides qui trempent fortement l'homme du Nord et l'habituent à supporter sans peine le froid le plus glacial.

sommet, où la vapeur est plus chaude. Ces étuves ne se trouvent guère que dans les hôpitaux ou dans quelques établissements d'eaux thermales. On se sert, à leur défaut, d'une boîte cubique, en bois, qui reçoit la vapeur par un tuyau et dans laquelle on fait asseoir le malade dont la tête sort par une ouverture pratiquée à la partie supérieure. Les malades peuvent encore prendre le bain de vapeur dans leur lit, à l'aide d'un procédé très-simple qui consiste à faire passer sous les couvertures, relevées par un cerceau, un tube qui communique avec le couvercle d'une bouilloire placée sur un réchaud, à côté du lit.

Le bain de vapeur doit être modérément chauffé au début, et, plus tard, on en augmente graduellement la température. Nous ferons remarquer, à ce propos, qu'une haute température est plus facilement tolérée dans la vapeur que dans un liquide ; ainsi, on reste très-bien dans une étuve humide chauffée à 50 et même à 56° c., tandis qu'il serait impossible de supporter l'eau à une pareille température. On peut encore élever la température de la vapeur sèche bien au-dessus de celle de la vapeur humide.

En entrant dans le bain de vapeur, on éprouve d'abord une sensation de chaleur pénible et la poitrine est oppressée ; mais bientôt on s'habitue à ce milieu qui finit même par paraître très-agréable ; la respiration est plus calme, le pouls s'accélère, la peau devient rouge, elle est sillonnée de veines tuméfiées ; bientôt une sueur abondante ruisselle de tout le corps. La durée de ce bain doit être, en com-

mençant, de dix minutes à un quart d'heure ; plus
tard, on finit par y rester jusqu'à une demi-heure ;
mais il serait imprudent de dépasser ce terme, ce
serait s'exposer à des accidents graves, tels que la
céphalalgie, la syncope, ou même l'apoplexie.

En sortant de l'étuve, il sera bon, après s'être
bien essuyé, de se mettre dans un lit, de prendre un
bouillon, une tasse de lait ou de chocolat, et de continuer de suer en s'abandonnant au sommeil, qui
vient alors très-facilement.

Les bains de vapeur excitent vivement la peau,
déterminent une transpiration abondante, et produisent une action dérivative. Leur effet salutaire
est incontestable dans les douleurs rhumatismales,
dans les raideurs des articulations, dans les fièvres
éruptives, les affections cutanées, telles que le
psoriasis, la lèpre, la gale ; dans les affections syphilitiques anciennes, accompagnées d'éruptions, les
affections chroniques des viscères abdominaux, etc.
Chaussier les a employés avec succès dans les douleurs qui surviennent après les couches. L'ébranlement qu'ils impriment à tout le système peut être mis
à profit dans ces maladies chroniques obscures, à
caractère douteux, qui ne se signalent par la lésion
d'aucun organe et contre lesquelles ont échoué toutes
les ressources de la médecine.

Nous renvoyons, du reste, au savant ouvrage de
M. Rapou, pour le détail de toutes les affections
dans lesquelles on peut réclamer leur secours.

A notre avis, les bains de vapeur ont été jusqu'ici
trop négligés chez nous. Si on les accompagnait

surtout de quelques pratiques auxiliaires, telles que
les frictions, le massage, les affusions d'eau froide
sur le corps en sueur, nous sommes persuadé qu'on
augmenterait ainsi considérablement leur effet et
qu'on en ferait un des plus puissants agents thérapeutiques. A peine, dit le docteur Clot-Bey, un Turc,
un Égyptien ou un Arabe éprouve-t-il la moindre
douleur, la plus légère courbature, de la sécheresse
à la peau, etc., qu'il se rend au bain, et en revient
ordinairement délivré de ses souffrances.

On ne les prescrira pas aux tempéraments faibles
ou délicats, aux organisations trop impressionnables,
aux personnes qui sont atteintes de maladies de poitrine ou qui sont prédisposées à l'apoplexie.

DES DOUCHES.

On entend par *douches*, un jet continu de liquide
ou de vapeur, dirigé contre une partie quelconque
du corps. La douche s'administre à l'aide d'un réservoir plus ou moins élevé, à la partie inférieure
duquel est adapté un tuyau flexible, que l'on
ferme à volonté par un robinet, et terminé par
un ajutage auquel on visse des bouts de différente
grandeur ou de différente forme, selon la forme
ou le volume que l'on veut donner à la douche : à
orifice double, en pomme d'arrosoir, etc.

La douche est dite *perpendiculaire* ou *descendante*,
lorsque le liquide est dirigé perpendiculairement
de haut en bas ; *latérale*, lorsqu'il est dirigé latéra-
lement ; *parabolique*, lorsque, après avoir été lancé

horizontalement, il retombe par son propre poids, en décrivant une parabole ; *ascendante*, lorsque le courant est dirigé de bas en haut ; enfin, *écossaise*, ou sous forme de pluie.

L'action de la douche résulte : de sa température, de la force plus ou moins grande avec laquelle le jet vient frapper la partie malade, de sa direction, enfin des principes que l'eau tient en dissolution. Cette action sera d'autant plus intense que la chute sera plus élevée, le diamètre du tuyau plus grand, le courant plus rapide. Il faut donc, pour varier cette intensité selon les divers effets que l'on veut produire, pouvoir élever ou abaisser le réservoir à volonté, ou avoir plusieurs réservoirs placés à différentes hauteurs : d'un mètre à dix mètres et au delà.

Pour donner la douche, on place le malade dans une baignoire, si la douche est chaude, et alors l'eau sert de bain, après la chute. Si, au contraire, elle est froide, on isole la partie sur laquelle on l'applique, afin d'empêcher le contact de l'eau avec les parties voisines. L'effet de la douche, qu'elle soit froide ou chaude, est stimulant. Elle augmente l'action vitale de la partie qui y est soumise, elle détermine un ébranlement particulier du système nerveux, une sensation profonde qui opère une perturbation et dont on tire parti pour le traitement de plusieurs affections. On y a recours avec avantage dans les cas de fausses ankyloses, de rhumatismes chroniques, de lumbago, de paralysies locales, d'engorgements articulaires, de tumeurs blanches non

compliquées d'inflammation, d'affections chroniques des viscères abdominaux, pour rappeler le
flux menstruel ou hémorrhoïdal, etc. On doit l'administrer avec les plus grands ménagements sur la
tête, dans la crainte de produire un ébranlement
cérébral ou une inflammation des organes céphali-
ques. On a vu des méningites violentes succéder à
l'emploi inconsidéré d'une douche sur cette partie.
Aussi nous pensons, avec plusieurs auteurs recommandables, qu'on a accordé à ce moyen une confiance trop aveugle et trop illimitée dans le traitement de la folie.

Administrées d'une manière générale sur toute la
surface du corps, les douches stimulent l'action des
organes, activent les fonctions et produisent une
réaction générale des plus favorables, dans les cas
de faiblesse ou d'atonie. « Dans l'épuisement qui est
la suite de l'excès des plaisirs vénériens, dit M. Patissier, la douche est le plus sûr moyen de res-
tituer à l'économie une vigueur dépensée avant
l'âge. »

La douche ascendante produit une espèce d'injection que l'on dirige particulièrement sur le rectum,
dans le vagin, sur le col de l'utérus. Dans ce cas, le
tuyau, terminé par un bout à très-petite ouverture,
est dirigé de bas en haut, très-près de la partie à laquelle on veut appliquer la douche. On l'emploie
avec succès contre les constipations opiniâtres, la
leucorrhée, les affections chroniques du vagin, de
l'utérus ou de la vessie. La faiblesse du courant,
l'exiguïté du jet donnent à la douche ascendante

une manière d'agir toute particulière qui ne peut produire ses effets qu'à la longue, par une action prolongée et souvent répétée.

Nous venons de voir les puissants moyens de curation que les douches fournissent à l'art de guérir ; mais ces moyens doivent être dirigés avec intelligence et discernement, pour produire de bons effets. On n'administrera pas, dès le début, la douche avec toute son intensité, mais on augmentera graduellement la température du liquide, la vitesse du courant, le volume du jet, la hauteur de la chute, la durée de l'opération qui, dans tous les cas, ne devra jamais dépasser un quart d'heure ou vingt minutes. Enfin on suspendra, s'il y a lieu, l'usage de la douche pendant quelque temps, pour recommencer ensuite. On s'en abstiendra chez les sujets menacés de pléthore, de congestions sanguines, disposés à l'éréthisme nerveux ; dans les phlegmasies aiguës et pendant l'époque du flux menstruel ou hémorrhoïdal, dont elle pourrait arrêter le cours.

Grâce à un appareil fumigatoire fort ingénieux, dont la médecine est redevable à M. Rapou, *les douches de vapeur* sont devenues d'un usage facile. A l'aide de cet appareil, on peut accélérer ou ralentir à volonté la vitesse de la vapeur, de même qu'on peut en varier la température, depuis celle des bains de vapeur ordinaires jusqu'à la cautérisation. On conçoit l'avantage que la thérapeutique peut retirer d'un moyen aussi énergique, dans le traitement de certaines affections locales.

DES AFFUSIONS.

Les *affusions* se pratiquent en versant sur tout le corps ou sur une partie, une certaine quantité d'eau. Elles diffèrent de la douche, en ce que l'eau est ici versée en nappe, à l'aide d'un vase à large ouverture, placé à quelques pouces seulement au-dessus de la partie que l'on affuse. Les affusions se donnent toujours avec une eau plus ou moins froide, de 15 à 25° c. ; leur durée varie de dix à quinze minutes.

Les affusions froides déterminent une impression vive, une sorte de saisissement, comme celui que produisent la douche ou l'immersion subite. L'effet de l'affusion résulte à la fois, et de la soustraction de calorique, causée par le contact d'un liquide dont la température est au-dessous de celle du corps, et de la pression, de la percussion du liquide tombant avec son propre poids. Les affusions froides, appliquées d'une manière convenable, sont suivies d'une réaction vitale très-énergique; leur effet est à la fois tonique et sédatif. Un médecin allemand, le docteur Reuss, a écrit un Mémoire fort intéressant, dans lequel il signale les nombreux avantages que la médecine peut retirer de ce moyen. Il prétend que, répétées plusieurs fois par jour elles constituent l'agent le plus puissant à opposer aux maladies aiguës, particulièrement aux fièvres typhoïdes graves, accompagnées de coma, de délire, de soubresauts des tendons. Elles sont encore d'un grand secours dans l'arachnitis, l'hydrocéphale aiguë et la plupart des maladies de l'encéphale. Dans les pays chauds, elles sont généralement employées contre les éruptions cutanées, telle que la rougeole, la scarlatine. M. Récamier en a obtenu d'excellents résultats dans les contractions, les débilités musculaires, les gastrodynies.

Chez les organisations débiles, lorsque le frisson persiste, que la réaction se fait trop attendre ou ne s'opère que d'une manière incomplète, il faut renoncer à ce moyen.

Nous avons vu, dans des cas de contusions graves, de luxation, de fracture, des affusions froides, longtemps prolongées, une sorte d'irrigation continue pratiquée sur le membre malade, empêcher le gonflement.

COUP D'OEIL SUR LA MÉTHODE HYDROPATHIQUE.

Avant de terminer ce chapitre, il nous reste à dire quelques mots de *l'hydropathie* ou *hydrothérapie* ou *hydrosudopathie*. Cette méthode, qui a pris récemment naissance en Allemagne, se propose de guérir à peu près toutes les maladies par l'eau froide. C'est un paysan Silésien, Priesnitz, qui l'a inventée, et il a fondé, à Græfenberg, un vaste établissement où il traite lui-même les malades d'après sa méthode. Bientôt cette méthode s'est répandue dans toute l'Allemagne ; des établissements semblables à celui de Græfenberg ont été fondés, et aujourd'hui on en trouve à peu près dans tous les États de l'Europe.

Voici comment on y procède :

Le malade se lève entre quatre et cinq heures du

matin et se rend dans un cabinet de bain : là, on le
fait étendre, entièrement nu, sur un drap mouillé et
convenablement exprimé, au-dessous duquel se
trouve une couverture de laine. On roule autour de
son corps, d'abord le drap, puis la couverture. On
relève et on replie sur les jambes l'extrémité inférieure qui dépasse, et il se trouve ainsi emmaillotté
de telle sorte qu'il ne lui reste que la tête de libre.
Si la première couverture ne suffit pas, on en ajoute
une seconde, ou bien on met un édredon par-dessus.
Bientôt il survient une sueur abondante, la face en
est inondée. Quelquefois on l'arrête dès son début,
d'autres fois on la prolonge pendant plusieurs heures
et on l'entretient en faisant prendre au malade, de
quart d'heure en quart d'heure, un demi-verre d'eau
froide.

Lorsqu'on juge qu'il a assez transpiré, on le dé-
maillotte, et il court se plonger dans une cuve ou un
réservoir d'eau froide. Là, il s'agite, se frictionne,
plonge la tête dans l'eau à plusieurs reprises et nage
même, si l'espace le lui permet. La durée de ce bain
varie d'une minute à cinq minutes au plus. Dans
quelques circonstances, on met les malades dans
une baignoire vide et on leur verse sur le corps plusieurs seaux d'eau froide. Ceux qui éprouvent une
répugnance invincible à se plonger dans l'eau froide
sont enveloppés tout suants dans un drap mouillé
avec lequel on les frictionne.

Au sortir du bain, le malade est soigneusement
essuyé avec du linge sec ; puis il s'habille chaudement et va au grand air, faire une promenade ou se

4.

livrer à des exercices gymnastiques poussés jusqu'à la fatigue, et pendant lesquels il continue de boire de l'eau froide.

Cette manœuvre de l'emmaillottement est répétée une ou deux fois par jour, selon les cas, et quelquefois on la seconde par des affusions, des douches de toute espèce, des compresses mouillées, des bains locaux, des injections; le tout à l'eau froide.

Le régime, dans ces établissements, est très-frugal : le déjeuner et le souper se composent de laitage, de beurre frais, de fruits ; au dîner, des viandes blanches, rôties ou bouillies, des légumes, des fruits. On n'y boit que de l'eau. Le vin, le café, le thé, les épices sont complétement interdits. Du reste, il est recommandé aux malades de manger abondamment, et ils ne manquent pas de se conformer à cette prescription ; l'on conçoit d'ailleurs que les pertes occasionnées par les sueurs, jointes à l'exercice et à l'air vif qu'on respire, doivent exciter l'appétit et favoriser la digestion.

Ce traitement agit comme moyen dépuratif, par la transpiration abondante qu'il provoque ; comme révulsif, comme sédatif, comme excitant et tonique, et enfin comme perturbateur, il paraît très-efficace dans les cas de goutte, de gravelle, de rhumatisme ; dans les engorgements des viscères abdominaux, dans la syphilis, les maladies chroniques de la peau, les tumeurs des os, et particulièrement dans l'hypochondrie.

Telle est cette méthode qui a trouvé à la fois tant de détracteurs et tant d'admirateurs enthousiastes,

et à laquelle on doit incontestablement des cures
remarquables.

« L'Allemagne est aujourd'hui couverte d'établissements hydrothérapiques, a dit M. le docteur Mus-
ton, et plus de quinze mille malades y sont traités,
toutes les années, par la méthode de Priesnitz. »
Un des plus remarquables est celui d'Albisbrun,
dirigé par M. Brunner. La France n'a adopté que
très-tard l'hydrothérapie ; cependant on trouve aujourd'hui des établissements de cette nature à Paris,
à Lyon, à Dijon, etc.

Certes, nous sommes loin de partager l'engoue-
ment des Allemands pour l'hydrothérapie, et, non-
seulement nous croyons qu'elle n'est pas applicable
dans toutes les circonstances, mais qu'encore, dans
un très-grand nombre de cas, elle serait nuisible ;
nous sommes forcé d'avouer cependant qu'un traitement aussi actif, lorsqu'il est bien indiqué et aidé
par le régime, peut être quelquefois d'un grand secours dans l'art de guérir, et nous connaissons, pour
notre compte, des personnes très-dignes de foi qui
nous ont assuré lui devoir la guérison de maladies
graves. « Il n'est pas probable, dit M. le professeur
Trousseau, que le passage prolongé d'une immense
quantité d'eau à travers l'appareil circulatoire et tous
les organes sécréteurs, soit une chose indifférente à
l'économie et ne puisse modifier profondément certains états morbides, comme la goutte, les rhumatismes chroniques, les dartres invétérées, etc. »

Nous avons le malheur, en France, avec notre
esprit léger et routinier, d'être fort peu favorables

aux nouvelles découvertes. Lorsqu'il s'en présente quelqu'une, nous l'accueillons d'abord par le mépris et par le ridicule et nous ne l'admettons que lorsqu'il ne nous est plus permis d'en nier l'évidence. Cela est triste et paraît étonnant, de la part d'un peuple qui a la prétention d'être placé à la tête de la civilisation, mais c'est cependant ainsi. Qu'on se rappelle, plutôt, ce qui s'est passé lors de la découverte du quinquina, de la circulation du sang, de la vaccine, etc. Il serait important cependant de se garder de cet esprit de prévention : nous épargnerions par là de fâcheux échecs à notre amour-propre et nous ne priverions pas la société du bienfait des découvertes utiles.

CHAPITRE II.

COUP D'ŒIL SUR LES PYRÉNÉES

ET SUR LA NATURE DE LEURS EAUX MINÉRALES.

SOMMAIRE.

Caractère géologique et hydrologique des Pyrénées. — Des
eaux minérales en général, leur histoire, leurs caractères.
— Théorie sur leur thermalité. — Modifications que subissent les eaux minérales. — Méthode de classification. —
Eaux sulfureuses. — Eaux acidules-gazeuses. — Eaux ferrugineuses. — Eaux salines. — Des boues minérales. — Des
piscines. — Exportation; imitation des eaux minérales.
— Effet thérapeutique des eaux. — Indication basée sur
l'analyse chimique; sur l'observation clinique. — Action incontestable des eaux.

La chaîne des Pyrénées s'étend comme un rem-
part gigantesque, entre la France et l'Espagne, dans
une étendue de 360 kilomètres de long sur 100 kilomètres de large; depuis l'océan Atlantique jusqu'à
la Méditerranée et depuis Perpignan jusqu'à Bilbao.
Sa plus grande élévation est de 3,400 mètres environ au-dessus du niveau de la mer (1).

Le granit forme comme la base ou le fondement
de toute la chaîne pyrénaïque. Sur le granit s'ap-
puient des schistes micacés, et sur ceux-ci, les plus

(1) Le pic la Maledetta, dans l'Aragon, est le plus élevé de la
chaîne; il a 3404 mètres au-dessus du niveau de la mer.

anciens dépôts à débris organiques; au-dessus se
trouvent des grès rouges, et ensuite des calcaires
analogues à ceux des Alpes et du Jura s'étendent
jusqu'aux dernières pentes. Sur plusieurs points on
trouve, reposant immédiatement sur le granit, des
masses de marbre blanc ou calcaire primitif ; et sur
le calcaire alpin, reposent, en quelques endroits, des
roches chargées d'amphibole. Enfin partout on retrouve des traces de ces convulsions puissantes qui
semblent avoir présidé à la formation des montagnes,
et qui concordent, le plus souvent, avec l'émergence
des eaux minérales.

Lorsque l'on considère le versant septentrional
des Pyrénées, de plusieurs points qui permettent
d'en embrasser successivement la perspective d'une
manière générale, comme par exemple de Pau, de
Tarbes, de Saint-Gaudens, de Foix, on voit que ces
montagnes se présentent, dans toute l'étendue de la
chaîne, comme un vaste amphithéâtre qui s'élève
successivement, et, pour ainsi dire, par ondulations,
depuis les plus petites collines vertes et boisées, jusqu'aux crêtes de la ligne centrale, couronnées de
neiges perpétuelles. Du côté de l'Espagne, l'aspect
est bien différent : là, les inclinaisons sont plus
abruptes et moins ménagées, au lieu de ces coteaux
fertiles, de ces pentes couvertes de forêts ou de
prairies, et arrosées par des milliers de ruisseaux qui
y entretiennent la fraîcheur et une abondante végétation, ce sont des escarpements arides et menaçants
qui s'élèvent brusquement devant vous, comme une
muraille infranchissable.

Maintenant, si, recherchant la cause de cette différence, on examine de plus près la constitution de
ces montagnes, on verra qu'elles sont formées de
couches parallèlement superposées les unes aux
autres et obliquement inclinées, de telle sorte qu'il
semblerait que, primitivement horizontales, ces
couches aient été soulevées ensuite par une force
d'expansion souterraine qui les aurait fait basculer,
de manière à ce que le côté du sud devînt supérieur,
tandis qu'elles seraient appuyées inférieurement sur
le bord septentrional. Ces couches, ainsi redressées,
forment donc des plans parallèles et inclinés dont
la face supérieure regarde le nord, tandis qu'elles
se présentent, par leur cassure ou leur tranche, du
côté du sud. Ceci une fois établi, on comprendra facilement ces pentes régulières et praticables, d'un
côté ; ces anfractuosités escarpées et inaccessibles,
de l'autre ; on comprendra de même comment les
eaux, s'infiltrant et s'écoulant entre les diverses
couches, suivront la direction de leur pente, et vien-
dront s'échapper par leur partie inférieure, ou partout où elles trouveront une déchirure qui leur li-
vrera passage : de là ce nombre infini de ruisseaux
et de gaves que l'on voit dans toutes les vallées du
nord des Pyrénées, et qui se réunissent ensuite pour
former des fleuves ou des rivières, tandis qu'on en
trouve si peu du côté du sud ; voilà enfin ce qui
explique cette grande quantité de sources thermales
que l'on rencontre dans les Pyrénées françaises, tandis
qu'il en existe si peu dans les Pyrénées espagnoles.
    Le versant septentrional des Pyrénées est, en ef-

fet, une des contrées où les eaux minérales sont répandues avec le plus de profusion (1). On y compte plusieurs sources qui occupent le premier rang parmi les plus renommées de l'Europe, et où l'on voit arriver une affluence de malades chaque année plus considérable, qui viennent leur demander la guérison de leurs maux. Le climat doux et tempéré sous lequel elles se trouvent placées, contribue encore à cette vogue et aide puissamment aux bons effets qu'elles produisent; enfin la grande variété de sources qui s'y trouvent et la différence de leurs caractères, permettent au médecin de choisir celles qui conviennent à chaque maladie ou à chaque tempérament; de telle sorte que l'on peut dire que la réunion de ces eaux forme un système hydro-pathologique complet, sinon sous le rapport physique ou chimique, du moins sous le rapport thérapeutique.

Avant d'entreprendre la description de chaque source des Pyrénées en particulier, il est indispensable que nous entrions dans quelques considérations rapides sur les eaux minérales en général, et sur les particularités qu'elles présentent dans ces montagnes.

Considérations sur les eaux minérales en général.

On appelle *Eaux minérales* ou *médicamenteuses*, les eaux qui sortent du sein de la terre, chargées de matières qui leur communiquent des vertus pré-

---

(1) M. Anglada en compte plus de quatre-vingts dans le seul département des Pyrénées-Orientales.

cieuses pour la thérapeutique. Lorsque ces eaux sont douées d'une température supérieure à celle de l'eau ordinaire, on les appelle aussi *thermales*. On donne encore le nom d'*Eaux thermales simples*, à celles qui ne se distinguent que par ce dernier caractère.

Ce fut le hasard qui révéla d'abord la puissance des eaux minérales. Les premiers malades qui y avaient trouvé la santé engagèrent d'autres malades à en faire usage; les guérisons se multiplièrent, et c'est ainsi que la renommée de ces eaux a traversé les âges, par une suite de succès non interrompus.

Dès la plus haute antiquité, les Grecs connaissaient déjà les sources d'eaux minérales et les regardaient comme un bienfait de la Divinité. Hippocrate, Aristote et plusieurs autres auteurs en font mention dans leurs ouvrages et signalent les services qu'elles rendaient dans plusieurs maladies. Les Romains faisaient un grand usage de ces eaux; le golfe de Naples, où elles se trouvent en abondance, était devenu le rendez-vous de tous les hauts personnages de l'Italie, de même que, de nos jours, nous voyons en France, le beau monde déserter nos villes pour aller passer la *saison* à Bagnères ou à Vichy. Partout où s'étendit la domination romaine, les sources minérales furent très-fréquentées, et, en France, on retrouve à Aix, en Provence, au Mont-d'Or, à Bourbon-l'Archambault, aux Pyrénées, etc., des traces du passage de ce peuple. — Au moyen âge, les eaux thermales furent, pendant quelque temps, délaissées et tombèrent dans le domaine du charlatanisme et de la superstition qui les exploitèrent ; mais, vers le seizième siècle, lorsque la médecine sortit enfin des ténèbres de la barbarie, elles reprirent leur première importance, qui, depuis, s'est accrue chaque jour ; et, grâce aux progrès de la chimie et aux nombreuses observations de médecins éclairés et consciencieux, elles occupent aujourd'hui une des premières places dans la thérapeutique.

Les eaux minérales se présentent avec des caractères qui en rendent l'étude des plus attrayantes : ainsi, la nature et la loi de leur formation, leur composition chimique, leur thermalité et surtout leurs propriétés médicinales, sont autant de problèmes dont la solution intéresse au dernier point le géologue, le chimiste et le médecin.

Ç'est dans le sein de la terre, comme dans un vaste laboratoire, que s'opère la composition des eaux thermales, soit qu'elles aient enlevé pour cela les matériaux aux terrains parcourus par elles, soit qu'elles se forment lentement, par un concours continu de réactions chimiques résultant d'une action électromotrice ; soit enfin que, dans quelques circonstances, les volcans leur cèdent une partie des matières qu'ils élaborent dans leur sein (1).

Les principes que les eaux minérales tiennent en dissolution sont : des gaz, l'oxygène, l'azote, l'acide carbonique, l'hydrogène sulfuré ; des acides libres ;

---

(1) M. Boussingault a constaté que les gaz que l'on trouve dans les eaux minérales qui avoisinent les volcans, sont les mêmes que ceux que l'on retrouve dans les cratères.

des alcalis libres ; des sels résultant de la combinaison de ces acides avec ces alcalis ; des sulfures
alcalins ; enfin des matières organiques de nature
fort variable.

Les qualités des eaux minérales se trahissent par
leur aspect, par leur goût et par leur odeur. Souvent elles sont limpides, quelques-unes sont colo-
rées par le fer, le cuivre ou des matières organiques, d'autres se troublent, deviennent louches,
quelque temps après leur sortie, par des décompositions. La saveur de ces eaux est très-variée : celles
qui contiennent de l'acide carbonique libre, sont
piquantes et produisent, après qu'on les a bues,
des éructations analogues à celles de la bière ou
du vin de Champagne ; les eaux ferrugineuses ont
un goût d'encre ; les eaux chargées de sulfure d'hydrogène ont une odeur et une saveur d'œufs pourris,
ou plutôt d'œufs durcis, comme le fait remarquer
Anglada ; le carbonate de soude donne une saveur
alcaline ; les sels de magnésie, une saveur amère ;
enfin, les matières organiques leur impriment des
caractères *sui generis :* ainsi les eaux de Baden, de
Cappone, de Carslbad, ont l'odeur et la saveur du
bouillon ; celles qui contiennent de la barégine sont
douées d'une onctuosité savonneuse.

Les eaux d'une même contrée ont des caractères
chimiques analogues, qui les distinguent et leur donnent, pour ainsi dire, un air de famille : par exemple,
dans le Puy-de-Dôme, les sources sont ferrugineuses et chargées d'acide carbonique ; dans les
Pyrénées, elles sont caractérisées, en général, par

le sulfure alcalin; à Naples, elles sont chargées à la fois d'acide carbonique et d'hydrogène sulfuré. Cette règle n'est pas absolue, et souvent on trouve dans une même localité des sources de nature très-variée ; soit qu'elles viennent d'une origine différente, soit que, dans leur cours, elles se soient mêlées avec d'autres eaux, ou qu'elles aient rencontré des substances qui ne se sont pas trouvées sur le chemin des autres. Ainsi, dans les Pyrénées, quoique le caractère des eaux soit, comme nous venons de le dire, sulfureux, cependant on y retrouve, en moins grande quantité, il est vrai, toutes les variétés d'eaux minérales que l'on observe ailleurs.

Un des phénomènes les plus remarquables des eaux minérales, c'est, sans contredit, leur température, et c'est aussi un de ceux qui ont le plus attiré l'attention des géologues. Ainsi, tandis que quelques-unes présentent un degré thermométrique à peu près égal à celui de l'atmosphère, d'autres sont tièdes, d'autres à la température des bains, d'autres enfin s'élèvent jusqu'à l'ébullition. — La plupart des médecins pensent que le calorique des eaux thermales n'est pas de la même nature que celui que nous communiquons par le feu à l'eau ordinaire, mais qu'il en diffère, tant par son essence que par sa manière d'agir sur l'économie. « Notre opinion est, dit M. Patissier, que le calorique de ces eaux se trouve dans un état tout particulier de combinaison qui imprime certainement à nos organes une action spéciale, laquelle n'existe pas moins, quoiqu'elle échappe aux explications des savants, quels que soient leur talent et la précision de leurs instruments. Il y a dans les eaux comme dans l'air, un *je ne sais quoi* qui se dérobe aux recherches des chimistes (1). »

Nous sommes assez disposé à partager cette opinion, et, sans nous arrêter ici à ces assertions établies par la tradition, accréditées parmi le vulgaire et plus ou moins démenties par l'expérience ; à savoir : que l'eau thermale se refroidit plus lentement et s'échauffe plus difficilement que l'eau ordinaire ; qu'on la supporte, en boisson ou en bain, à une température bien plus élevée que l'eau chauffée d'une manière artificielle ; que les sources qui donnent 70° c., loin de cuire les végétaux ou les fleurs, leur communiquent un nouvel éclat et une nouvelle fraîcheur, ce qui n'existerait pas pour l'eau commune, etc., etc. ; sans donner à tous ces préjugés plus de valeur qu'ils n'en méritent, nous croyons cependant, avec Fodéré et plusieurs autres savants, que le calorique des eaux thermales diffère essentiellement de celui que nous développons par la combustion. Cette thermalité est inhérente à la nature des eaux ; elle résulte de la combinaison de leurs divers principes et constitue leur manière d'être ; elle leur communique enfin une certaine vitalité qui agit d'une manière toute spéciale sur nos organes.

Nous croyons qu'il serait important, pour éclair-

(1) PATISSIER, *Manuel des Eaux minérales.*

5.

cir cette question, d'observer les effets que produit
sur l'économie l'eau thermale simple prise, tant en
bains qu'en boissons, et de les comparer à ceux de
l'eau ordinaire, chauffée à la même température. Nous
ne sachions pas que ces expériences aient jamais été
tentées, du moins sur une grande échelle, et nous les
soumettons à l'attention des médecins qui se trouvent à portée de les faire. On a déjà observé, et
cette remarque est de la plus haute importance ;
on a observé, disons-nous, que certaines eaux thermales, transportées loin de leur source, pouvaient
reprendre leurs propriétés primitives lorsque, au
lieu de les chauffer au bain-marie, comme cela se
pratique ordinairement, on les chauffait en les plon-
geant dans une autre source thermale. « Cette expérience, ajoute M. Guersent, à qui nous empruntons ce fait, ayant été répétée deux années de suite,
sur les mêmes malades, et toujours avec le même
succès, mérite de fixer l'attention, par rapport aux
avantages qu'on pourrait en retirer pour l'emploi
combiné de plusieurs espèces d'eaux minérales entre elles ; et, sous d'autres rapports, elle doit nous
tenir en garde sur les conséquences qu'on peut tirer des expériences purement physiques, faites sur
la chaleur naturelle des eaux thermales ; car les
effets physiologiques dont nous venons de parler
sembleraient indiquer que l'action du calorique naturel et celle du calorique factice ne sont pas absolument les mêmes sur nos organes. Quoi qu'il en
soit, c'est sans doute à la combinaison particulière
du calorique et de l'électricité, et, peut-être aussi,

à l'existence cachée de quelque principe que l'analyse chimique n'a pas encore saisi, que sont dues les différences remarquables entre les propriétés de telles ou telles sources qui offrent, chimiquement, les mêmes principes, et presque dans la même proportion (1). »

Plusieurs théories ont été successivement présentées pour expliquer la chaleur des eaux thermales, et toutes ont donné lieu à de vives controverses. Nous allons les passer rapidement en revue :

1º D'abord, on l'a attribuée au voisinage des volcans. Il est incontestable, en effet, que les phénomènes volcaniques exercent une certaine influence sur la température des eaux thermales. Les habitants des environs de Naples prédisent, plusieurs jours à l'avance, une éruption du Vésuve, par l'augmentation de température des eaux qui l'avoisinent. On a même prétendu que les volcans éteints depuis plusieurs siècles pouvaient encore continuer de produire ces effets de caléfaction. Cette théorie a été puissamment appuyée par l'autorité de l'illustre Berzélius, qui établit son opinion sur l'examen comparatif des eaux de l'Auvergne et de la Bohême, deux pays d'origine incontestablement volcanique, où ces eaux se trouvent en grande abondance.

2º Une opinion qui réunit encore beaucoup de partisans, c'est celle qui attribue au calorique central de la terre, la thermalité des eaux. On sait, en

_____

(1) GUERSENT, *Dictionnaire de Médecine*. t. XI, p. 94, article : *Eaux minérales.*

effet, que la température s'élève d'une manière régulière, à mesure qu'on se rapproche du centre du globe (1 degré pour 30 à 40 mètres) ; de telle sorte qu'on peut prédire d'avance qu'elle sera la température d'un puits que l'on creuse à plusieurs centaines de mètres, comme cela a eu lieu pour le puits de Grenelle. M. Boussingault a remarqué que la température des sources thermales du littoral de Vénézuéla était d'autant plus froide, que ces sources étaient moins profondes. Il est donc incontestable que cette loi agit sur la température de certaines sources et que, par conséquent, elle doit être d'un grand poids dans la question qui nous occupe.

3° On a essayé encore de rendre raison de la chaleur des eaux thermales, en l'attribuant à certaines combinaisons chimiques qui s'opéreraient dans leur sein. Il est établi, en effet, que la nature des ingrédients entraînés par ces eaux n'est pas étrangère à leur caractère de thermalité. Ainsi, les eaux sulfureuses, par exemple, sont le plus constamment chaudes. « Il me paraît très-vraisemblable, dit Berzélius, que la chaleur et la propriété des substances « dissoutes sont essentiellement liées entre elles, de « sorte qu'on ne pourra séparer l'explication des « phénomènes de température des hypothèses relatives à l'origine des parties constituantes du « liquide. »

4° Enfin, on a invoqué l'intervention d'une action électromotrice pour expliquer cette thermalité, et ce genre d'explication paraît d'autant plus légitime, que la plupart des changements qui surviennent dans la température des sources, semblent coïncider avec des orages ou des tremblements de terre, et se placer par conséquent sous la dépendance de l'électricité. Ainsi on a remarqué que certaines sources thermales semblaient bouillonner pendant les orages et que leur température s'élevait sensiblement. Les eaux de Bagnères-de-Bigorre perdirent]eur chaleur, en 1660, à la suite d'un tremblement de terre ; et celles d'Aix, en Savoie, à l'époque du tremblement de terre de Lisbonne. Les exemples de ce genre sont très-fréquents.

Après tant de noms illustres et si justement recommandables, qui se sont occupés de cette question, ce n'est qu'avec la plus grande réserve et la plus profonde humilité que nous osons hasarder une observation. Nous dirons cependant que, de toutes les théories que nous venons d'exposer, la dernière nous paraît la meilleure, ou plutôt nous croyons qu'elle résume toutes les autres. En effet, les volcans, le calorique central ou les combinaisons chimiques ne sont-ils pas, comme les orages et les tremblements de terre, sous la dépendance de l'électricité, de ce puissant moteur dont l'action se révèle partout, et qui préside à tous les grands phénomènes de notre globe, depuis les régions les plus élevées de l'air, jusqu'aux entrailles de la terre ? Nous soumettons cette question aux savants, persuadé qu'elle est digne de leur profonde méditation.

Les eaux minérales se font assez généralement remarquer par la constance des caractères qu'elles présentent depuis plusieurs siècles, tels que le volume,

la composition chimique, la température. Nous avons
vu cependant que des secousses violentes, telles que
les orages ou les tremblements de terre, modifiaient
considérablement la température des eaux ; ces
mêmes causes agissent aussi quelquefois sur leur
composition, sur leur quantité, sur leur action médicale. Ainsi l'eau de Spa est plus active dans les
temps chauds ; la source de la Reinette, aux eaux
de Forges, se trouble et devient bourbeuse, quelque
temps avant les orages, de sorte que les habitants du
pays la consultent comme un baromètre infaillible.
Certaines sources présentent, sans cause apparente,
des phénomènes d'intermittence plus ou moins régulière ; quelquefois cette intermittence n'est que de
quelques minutes, d'autres fois elle dure des heures,
des jours ou même des années. Parmi les exemples les
plus remarquables de ce phénomène, nous citerons
la source de Geyser, en Islande, qui jaillit, par
temps, à une hauteur de quarante mètres. Cette
source est très-abondante, sa température est de
95 à 100 degrés. La durée des intermittences et
l'intervalle qui les sépare sont très-variables. Ces
intermittences proviennent, très-probablement, du
dégagement de gaz qui s'opère dans les réservoirs
où les eaux sont contenues. Ces gaz, lorsqu'ils sont
en quantité suffisante, compriment l'eau, par leur
force d'expansion et la refoulent avec violence. Il
est encore certaines eaux qui paraissent éprouver
des changements lents et continus ; ainsi les eaux de
Néris auraient perdu une partie de la chaleur qu'elles
avaient autrefois ; les sources du Gabian (Hérault)

s'épuisent toujours, et fournissent beaucoup moins de bitume qu'autrefois.

On a présenté plusieurs méthodes pour la classi-fication des eaux minérales. M. Brongniart en a éta-bli une fort ingénieuse, basée sur la nature des ter-rains qui fournissent ces eaux ; mais, outre que cette méthode est fort incertaine et purement conjectu-rale, nous la rejetons parce qu'elle n'est nullement médicale.

D'autres ont proposé une classification basée sur la température : ils ont divisé les eaux en froides, tièdes, et chaudes. Cette méthode est encore dé-fectueuse à nos yeux, parce qu'elle repose sur un phénomène très-variable et, de plus, tout à fait secondaire dans la thérapeutique.

Nous préférons la méthode fondée sur les princi-paux caractères des matières que les eaux tiennent en dissolution, en ayant égard, toutefois, aux pro-priétés principales que ces matières donnent aux eaux, plutôt qu'à leur quantité. Tout en reconnais-sant l'imperfection de cette méthode qui nous laisse souvent dans l'incertitude sur la place que doivent occuper certaines eaux, à cause des propriétés mixtes qui les caractérisent, c'est cependant celle que nous choisissons de préférence, parce qu'elle est plus ra-tionnelle, plus pratique, et qu'elle se rattache mieux au but de notre travail.

D'accord avec la plupart des médecins qui se sont occupés de l'étude des eaux minérales, nous divi-serons donc ces eaux en quatre classes :

1° Les eaux sulfureuses : ce sont celles de Barèges,

de Saint-Sauveur, de Cauterets, de Bagnères-de-Luchon, etc. ;

2º Les eaux acidules-gazeuses : Ussat, Audinac, etc. ;

3º Les eaux ferrugineuses : Castera-Verduzan, Casteljaloux, etc. ;

4º Les eaux salines : Bagnères-de-Bigorre, Dax, Barbotan, etc.

Jetons un coup d'œil rapide sur les caractères généraux qui distinguent chacune de ces quatre classes.

Des eaux sulfureuses. — Si l'on trouve dans la chaîne des Pyrénées des eaux appartenant aux quatre classes que nous venons d'établir, il faut avouer cependant que le type des sources de ces régions est le type sulfureux, et que les sources sulfureuses y sont incomparablement les plus nombreuses, les plus actives et les plus fréquentées ; de telle sorte que les autres semblent ne se trouver là qu'accidentellement.

« Les eaux sulfureuses, dit M. Anglada, se présen-
« tent au nombre des plus beaux phénomènes de la
« nature morte. Elles exportent, du sein de la terre,
« les matériaux les plus remarquables. Le caractère
« thermal, qui est leur apanage presque habituel,
« excite puissamment l'esprit à la recherche de ces
« causes probables. Dans leur apparition, elles sem-
« blent s'entourer d'un cortége de phénomènes im-
« portants dont l'appréciation s'annonce comme
« devant être d'un haut intérêt. Leur distribution à
« la surface du globe ; leur fréquence dans certaines

« régions ; leur absence de quelques autres ; leurs
« rapports avec le caractère des terrains à travers
« lesquels elles s'échappent ou de ceux d'où elles
« tirent leur origine, etc., tout semble placer leur
« étude au rang des plus importantes considérations
« de la géologie. »

Les eaux sulfureuses doivent leur nom, comme la
plus grande partie de leurs vertus thérapeutiques, à
la présence de l'acide hydrosulfurique, soit libre,
soit combiné avec une base, pour former des hydro-
sulfates.

Ces eaux exhalent, à des degrés différents, l'o-
deur d'œufs pourris ou durcis ; elles brunissent ou
noircissent les métaux blancs, notamment l'argent ;
précipitent en brun ou en noir les sels d'argent ou
les sels de plomb : le précipité formé est un sulfure
métallique ; toutes dégagent du gaz azote à leur
bouillon. La plupart des eaux sulfureuses des Pyrénées, comme toutes les sulfureuses en général, proviennent de terrains primitifs, tels que le granit, le
gneiss, le schiste micacé, l'eurite. Celles qui font
exception à cette loi, sont dites *sulfureuses accidentelles :* on suppose que, primitivement simples, ces
eaux ont rencontré sur leur chemin les principes sulfureux dont elles se sont chargées. Elles se comportent, du reste, comme les sulfureuses naturelles.

Ces eaux sont toutes, ou presque toutes, géologi-
quement thermales ; c'est-à-dire que leur température, à leur sortie de la terre, est supérieure à celle
des couches superficielles du globe, telle que nous
la donnent les sources d'eau commune environ-

nantes. — Cependant, comme elles ne peuvent être
utilisées, sous forme de bains, qu'à condition qu'elles
marqueront une température au-dessus de 30° c., on
peut considérer comme thérapeutiquement froides
celles qui, étant au-dessous de cette température,
ont besoin d'être chauffées pour être appropriées à
ce mode d'administration. — Certaines sources à
base de sulfure de sodium se décomposent au contact de l'air, le sulfure disparaît pour faire place à du
sulfate de soude, elles se refroidissent et perdent
leur odeur et la saveur hépatique. Anglada leur a
donné le nom de *sulfureuses dégénérées*.

La thermalité des eaux des Pyrénées, sulfureuses
ou autres, est invariable pour chaque source. C'est
une différence essentielle entre les eaux des terrains
volcaniques et celles qui sont étrangères à ces terrains : on sait, en effet, que les premières varient
sensiblement, dans des temps fort rapprochés. Cette
variation doit être la conséquence du plus ou moins
d'activité du volcan.

Les eaux sulfureuses des Pyrénées, qu'elles soient
chaudes ou froides, entraînent toutes, avec plus ou
moins d'abondance, une matière glaireuse qu'elles
déposent en partie, dans leur trajet, et dont elles
tiennent le reste en dissolution. Cette matière amor-
phe, ordinairement blanchâtre, rouge ou verte, quelquefois noire, d'un aspect gélatineux, opaque ou
translucide, est grasse et douce au toucher, inodore,
d'une saveur fade, analogue à celle des gommes végétales. Cette substance, carbonisable, azotifère, se
comporte du reste à l'instar des substances ani-

males, dans la plupart des épreuves qu'on lui fait subir. — Les chimistes lui ont donné le nom de *Glairine* ou *Barégine.*

Ces concrétions glaireuses ne se trouvent que dans les eaux sulfureuses ; mais, loin d'être exclusivement l'apanage des sources des Pyrénées, elles se présentent également dans celles des autres contrées et paraissent ainsi liées intimement à la nature de ces eaux et au mode d'élaboration qui leur donne naissance dans le sein de la terre.

La présence constante de cette singulière substance dans les eaux sulfureuses devait nécessairement attirer l'attention des savants et piquer leur curiosité. Diverses conjectures ont été imaginées par eux, pour en expliquer l'origine. .

Les uns ont regardé l'existence de cette matière comme autant d'êtres organisés analogues aux tremelles, que leur nature particulière ne fait prospérer que dans les eaux sulfureuses ;

D'autres l'ont expliquée par des dépôts de matières organiques que les révolutions du globe auraient ensevelis dans les couches de la terre traversées par ces eaux.

Enfin, M. Anglada, qui s'est livré à des études sérieuses sur ces glaires, les regarde comme le produit de certaines combinaisons chimiques qui se réalisent entre quelques ingrédients constants de ces eaux.

Quelle que puisse être, du reste, la nature ou l'origine de cette matière, il est éminemment probable qu'elle a une part très-puissante dans l'action médicale des eaux sulfureuses. Cependant l'imperfec-

tion de nos connaissances à son égard, nous empêche
de rien préciser. Outre cette matière gélatineuse, il
existe encore dans les eaux sulfureuses une matière
blanchâtre, filamenteuse, ressemblant à de la charpie, que M. Fontan prétend être de véritables végétaux de la nature des conferves, et qu'il appelle
sulfuraires.

Toutes les eaux sulfureuses des Pyrénées renferment, à très-peu de chose près, les mêmes substances, dans des proportions différentes. Ainsi, outre
l'acide hydrosulfurique et l'hydrosulfate de soude,
on y trouve du carbonate de soude, du sulfate de
soude, du chlorure de sodium, de la silice, de la
chaux, de la magnésie, de la glairine ; récemment,
M. O. Henry y a signalé la présence de l'iode et
M. Bouis celle de l'acide borique ; enfin, elles dégagent du gaz azote et du gaz acide carbonique. — Ce
qui frappe d'abord, en étudiant la composition des
eaux sulfureuses des Pyrénées, c'est qu'elles ne contiennent qu'une très-petite proportion de matières en
dissolution.—Dans un litre d'eau puisée à la source
de la Raillère, à Cauterets, par exemple, il n'y a pas
même deux décigrammes de substances étrangères
à l'eau.—Si l'on compare ensuite entre elles quelques
sources sulfureuses des Pyrénées, comme celles de
Saint-Sauveur et de Barèges, on s'étonnera que ces
deux sources, qui contiennent absolument les mêmes
principes, avec des différences si légères dans les
proportions, puissent avoir cependant des vertus
médicales si différentes ; et l'on sera forcé de convenir que ces eaux possèdent des qualités qui échap-

pent à l'analyse chimique et qui ne peuvent être appréciées que par l'expérience clinique.

Le mode d'administration des eaux sulfureuses est très-varié et leur indication s'adresse à un grand nombre de maladies; nous renvoyons à la description particulière des sources, pour l'appréciation des cas dans lesquels leur usage est opportun, et de ceux où il est contre-indiqué.

Eaux acidules-gazeuses. — Les eaux *acidules-gazeuses*, si abondamment répandues dans l'Auvergne, sont, au contraire, très-rares dans la région qui nous occupe. Suivant M. Berzélius, ces eaux doivent le plus souvent leur origine aux volcans éteints. Cette opinion explique leur grande abondance dans les montagnes de l'Auvergne et de la Bohême, et leur absence presque complète dans les Pyrénées, qui n'offrent pas de traces volcaniques.

Les eaux acidules-gazeuses se distinguent par une saveur aigrelette et piquante et par un dégagement continu de gaz acide carbonique qui vient, sous forme de petites bulles, éclater à la surface. Outre ce gaz, elles contiennent, dans des proportions variables, des carbonates de chaux, de soude et de magnésie, du muriate de soude, du sulfate de soude, quelquefois du carbonate de fer et de la silice. Le plus souvent, ces eaux sont froides; cependant les sources que nous allons étudier sont toutes plus ou moins thermales.

Les eaux acidules sont administrées sous toutes les formes, mais principalement en boisson. On les boit à la dose de deux litres et plus, dans la journée.

6.

Il faut avoir la précaution de les boire avant que le gaz ne se soit dégagé. Mêlées au vin, elles le rendent mousseux et pétillant, et forment ainsi une boisson fort agréable pendant les repas.

Elles calment les nerfs, excitent l'appétit, facilitent la digestion, et augmentent la sécrétion des urines.

Eaux ferrugineuses. — Les eaux minérales *ferrugineuses*, que l'on appelle aussi *martiales, chalybées*, sont assez abondamment répandues dans le pays dont le système hydrologique nous occupe. Elles proviennent, le plus souvent, de terrains secondaires ou de transition : le fer, à l'état de carbonate, constitue le principal caractère qui les distingue ; c'est lui qui leur communique cette saveur styptique et astringente qui rappelle le goût d'encre, et qui les fait si bien reconnaître. Elles contiennent, en outre, d'autres sels, soit terreux, soit alcalins, et du gaz acide carbonique ; ce qui fait qu'elles participent aussi de la nature des eaux acidules.

Ces eaux sont limpides et sans odeur ; exposées à l'air, elles deviennent louches, se couvrent d'une pellicule irisée, déposent leur oxyde de fer sous forme de sédiment ocracé rouge brun, et puis reprennent leur limpidité et n'ont plus de saveur ; en un mot, ce n'est plus que de l'eau ordinaire. L'acide gallique et l'infusion de noix de galle précipitent ces eaux en noir bleu ; le carbonate de fer se précipite tout entier par l'ébullition. Ces eaux sont généralement froides ; on n'en trouve pas d'autres dans la région qui nous occupe.

Les eaux ferrugineuses se prennent surtout en boisson. A cause de l'extrême facilité avec laquelle elles se décomposent, on est ordinairement obligé de les boire sur les lieux. On trouve, assez communément, dans les Pyrénées, des sources ferrugineuses à côté des sources sulfureuses, et nous verrons même des établissements où ces deux espèces se trouvent réunies, ce qui permet d'associer, dans le traitement, le bain des unes à la boisson des autres ; méthode qui, dans certains cas, paraît avoir les plus grands avantages. Quelquefois aussi on administre l'eau ferrugineuse en bains ; cependant, les avantages de ce mode d'administration ne nous semblent pas encore parfaitement démontrés, et nous avons des raisons pour croire que les résultats sont, à peu de chose près, les mêmes que ceux que produirait un bain d'eau commune.

Ces eaux sont essentiellement toniques et excitantes ; elles raffermissent les tissus trop lâches, stimulent les organes débilités, activent leurs fonctions et relèvent les forces épuisées par de longues convalescences ou par quelque autre cause que ce soit. Le fer, qui constitue leur principale vertu et qui entre aussi dans la composition normale du sang, les rend très-salutaires dans les cas d'appauvrissement de ce fluide.

Eaux salines. — Les *eaux salines* sont composées d'une multitude de sels si différents, qu'il est fort difficile d'indiquer, d'une manière précise, leur caractère et leurs propriétés. Leur saveur est tantôt amère, tantôt fraîche, tantôt piquante ; quelquefois elles exhalent une odeur hépatique (Barbotan), quoique l'analyse chimique n'ait pu y découvrir de traces d'acide hydrosulfurique. Cela tient, sans doute, à l'extrême volatilité de ce gaz qui s'évapore avant qu'on ait pu en constater la présence; mais le plus souvent elles sont inodores; elles proviennent de terrains secondaires ou de sédiments inférieurs; elles sont tantôt froides, tantôt thermales.

Il entre dans la composition des eaux salines du sulfate de magnésie, du sulfate de chaux, des chlorures de magnésium, de calcium et de sodium, des carbonates alcalins, quelquefois du sulfate d'alumine; on y rencontre aussi, souvent, des matières organiques ou pseudo-organiques, des substances bitumineuses.

Quelques eaux salines sont purgatives, d'autres ne le sont pas; celles-ci sont altérantes, celles-là sédatives; enfin leurs propriétés médicinales sont aussi variées que leur composition, de sorte qu'il est impossible de rien préciser de général à leur égard. Nous renvoyons donc à l'histoire particulière des sources, pour parler des vertus de chacune d'elles en particulier.

Des boues minérales. — On trouve, auprès de certaines sources, des substances molles, terreuses, de la consistance d'un cataplasme, que les eaux entraînent avec elles dans leur courant souterrain et qu'elles déposent à leur sortie. Ces matières sont appelées *Boues minérales.* On les emploie sous forme de bains partiels ou généraux, et leur action est quelquefois plus énergique que celle des eaux thermales qui les produisent, soit que leurs principes minéraux y soient plus concentrés, soit que, à raison de leur consistance, elles produisent une pression plus forte sur les parties qui y sont plongées. C'est ainsi que les boues de Barbotan, par exemple, sont préférées aux eaux de la source, dans les rhumatismes, les fausses ankyloses, les maladies des articulations, etc. Au sortir de ces boues, le malade se débarrasse des matières limoneuses qui souillent ses membres, à l'aide d'un bain ou d'une douche d'eau thermale.

Des piscines. — Les Romains se baignaient en commun dans de vastes réservoirs qu'ils appelaient *Piscines*, et ils en avaient établi dans les Gaules, auprès de la plupart des sources thermales qu'ils fréquentaient, comme l'attestent celles qu'on trouve encore à Plombières, à Amélie-les-Bains et dans beaucoup d'autres lieux. Ce peuple, qui passait sa vie en public, dans les camps ou sur le *Forum*, prenait le bain dans des thermes où se trouvaient des bassins qui pouvaient contenir facilement cinq cents personnes; et il ne connaissait pas nos petits cabinets et nos petites baignoires, espèces de lits de Procuste, où l'on est à la torture. Avec ce système, à peine entré dans sa baignoire, on s'y ennuie, on se brûle et on se gèle alternativement, tandis que dans une piscine, au contraire, on se mettrait à l'aise, on prendrait son bain agréablement, en causant avec ses voisins, ou même on se livrerait à la natation.

Cependant, dans quelques établissements thermaux, on a passé par-dessus toutes ces considérations. Ainsi à Barèges, au Vernet, à Luchon, etc., il y a des piscines où l'on voit des personnes de toutes les classes, que confond l'égalité devant la douleur, se baigner ensemble, et l'expérience a prouvé que cette méthode offrait de grands avantages. D'abord, indépendamment de la commodité et des distractions, il faut dire encore que les mouvements et même la natation, auxquels on se livre dans la piscine, aident beaucoup à l'action du bain; que l'eau, sans cesse renouvelée, y conserve une température égale; que, par sa grande masse, elle retient mieux les principes minéraux volatils, et elle exerce une pression plus grande sur la surface du corps; enfin que les vapeurs minérales dont l'air est imprégné sont absorbées par les poumons, et sont portées par cette voie dans l'économie, ce qui, dans certains cas, constitue un mode de traitement fort énergique, surtout pour les maladies des organes respiratoires. — Espérons que toutes ces considérations feront apprécier de plus en plus l'utilité des piscines, et que bientôt on en verra auprès des établissements thermaux, partout où les sources sont assez abondantes pour suffire à leur dépense.

Nous renvoyons au chapitre précédent pour ce qui regarde les *bains*, les *douches*, les *étuves*, les *affusions*, appliqués aux eaux minérales.

Exportation des eaux minérales des Pyrénées. — La plupart des eaux minérales des Pyrénées sont peu propres à être transportées, à cause de l'extrême facilité avec laquelle elles se décomposent. — Nos eaux, dit l'illustre Bordeu, sont comme les ha-

bitants de nos montagnes, elles ne quittent pas volontiers leur patrie, et lorsque cela leur arrive, elles
changent bientôt de caractère. — Cette image aussi
vraie que poétique est applicable surtout aux eaux
sulfureuses. Nous avons vu, par exemple, que le gaz
acide hydrosulfurique se dégageait promptement
des eaux sulfureuses, et les privait ainsi d'un de
leurs principes les plus actifs et les plus caractéris-
tiques ; d'un autre côté, la glairine, qui entre d'une
manière si constante dans leur composition, deve-
nant le motif d'une désorganisation rapide, ne permet pas de les conserver longtemps pour les besoins
de la thérapeutique.

On sait que les eaux ferrugineuses se décomposent
aussi très-rapidement : le fer, tenu en dissolution
par l'acide carbonique se dépose, à la suite de l'é-
vaporation de ce gaz, et elles passent à l'état d'eau
ordinaire.

Les eaux acidules exigent les plus grandes précautions pour leur transport et leur conservation :
il faut les mettre dans des bouteilles bouchées avec
soin, pour empêcher l'évaporation du gaz. En général, on doit avoir peu de confiance dans une eau
de cette nature, lorsque, en débouchant la bouteille,
on n'entend pas cette détonation que produit l'expansion subite du gaz comprimé.

Les eaux salines se composant de principes fixes,
peu propres à l'évaporation, sont celles qui se conservent le mieux et qui, par conséquent, peuvent
être plus facilement transportées sans subir d'altération. Cependant cette règle n'est pas sans excep-

tion, et nous verrons, par exemple, que l'eau de la mer s'altère et se décompose avec la plus grande rapidité. Du reste, les eaux salines et les eaux acidules des Pyrénées sont peu exportées, et on leur préfère généralement les eaux de Bourbonne-les-Bains ou d'Ems, etc., pour les premières; celles de Vichy ou du Mont-d'Or, pour les secondes.

Enfin, toutes les eaux qui sont thermales perdent, avec leur calorique naturel, un de leurs caractères les plus essentiels, et qui paraît des plus importants dans l'application thérapeutique.

Imitation des eaux minérales des Pyrénées. — Pour remédier aux difficultés du transport et de la conservation des eaux minérales, la chimie a essayé de les imiter, et, vers le commencement de ce siècle, les savants, confiants dans les progrès récents de cette science, se mirent à l'œuvre avec courage, en annonçant d'avance le succès le plus complet.

« La nature, disait Chaptal, n'est inimitable que « dans les seules opérations vitales; nous pouvons « l'imiter parfaitement dans les autres, nous pou-« vons même faire mieux qu'elle car nous pouvons « varier à volonté la température et les proportions « des principes constituants. » (*Éléments de chimie.*)

Bientôt on vit s'élever de fort beaux établissements, consacrés à cette fabrication. Ces établissements, dirigés par les plus habiles chimistes, offraient toutes les garanties que l'on pouvait exiger, tant sous le rapport scientifique que sous le rapport pratique, et semblaient promettre les résultats les plus heureux. Malgré cela, l'expérience est

venue malheureusement déjouer toutes les conjectures, tromper toutes les espérances, et démontrer que l'art est toujours impuissant à imiter la nature.

Et en effet, les analyses sont toutes plus ou moins
imparfaites, et on ne saurait assurer que les ingrédients d'une eau minérale donnée soient tous exactement connus ; ensuite, les procédés chimiques
amènent souvent, dans la nature de ces ingrédients,
des changements qui les altèrent complétement, qui
modifient leur manière d'être et engendrent entre
eux des combinaisons qui n'existaient pas primitivement dans les eaux ; il suffit, pour s'en convaincre,
de savoir qu'une même eau fournit des substances
salines différentes, selon les divers procédés analy-
tiques par lesquels on la traite. Il existe, en outre,
dans les eaux minérales naturelles, certains matériaux créés par des circonstances que nous ne pouvons reproduire et qui concourent puissamment aux
propriétés des eaux minérales : tels sont, pour la
plúpart du temps, les bitumes, les résines, les matières extractives, huileuses, azotées ; telle est surtout
la glairine, qui a été signalée d'une manière si constante dans les eaux sulfureuses des Pyrénées, et sans
le concours de laquelle on ne pourra jamais se flatter d'avoir fidèlement reproduit ces eaux. Enfin,
indépendamment des principes fixes dont on peut
déterminer exactement la quantité ou même la nature, des fluides incompressibles, quelquefois variables dans leurs proportions, se combinent avec
les eaux minérales naturelles et en modifient beau-

coup les propriétés : tels sont l'électricité, le calorique naturel.

Il n'en est pas moins vrai cependant que, malgré ses imperfections, l'art d'imiter les eaux minérales rend d'importants services à la thérapeutique et que souvent il peut, jusqu'à un certain point, remplir les indications fournies par les eaux naturelles.

Parmi les eaux minérales dont l'imitation a le plus tenté les efforts des chimistes, il faut placer en première ligne les sulfureuses, et surtout celles des Pyrénées dont la célébrité était bien digne, du reste, de fixer leur attention. Mais, il faut le dire, c'est aussi dans ces eaux que les tentatives ont été le plus malheureuses et se sont le moins rapprochées des modèles. Du reste, leur composition est encore trop peu connue pour qu'on puisse se flatter de les reproduire artificiellement. Cependant, quelques essais heureux ont été tentés en ce genre, et ces essais sont d'autant plus précieux, que les eaux naturelles des Pyrénées transportées ne tardent pas, comme nous l'avons dit, à s'altérer et à perdre leurs propriétés médicales. Nous citerons, entre autres, la méthode de **M.** Anglada, que nous recommandons comme la plus rationnelle et la plus facile à mettre en pratique.

Sans s'attacher à l'imitation de telle ou telle source, particulièrement, ce célèbre chimiste a adopté, pour toutes les eaux sulfureuses des Pyrénées, une moyenne d'ingrédients qu'il formule ainsi :

Pour un litre d'eau ou 1,000 centimètres cubes.

gr.

Hydrosulfate de soude cristallisé...... 0,150 (3 *grains*).
Carbonate de soude................. 0,212 (4 *grains*).
Sulfate de soude...... .... 0,080 (1 *grain* ¹/₂).
Chlorure de sodium................ 0,027 ('/₂ *grain*).

S'il s'agit d'approprier ces matériaux à la préparation d'un bain sulfureux, en admettant que la masse du liquide fût égale à 180 décimètres cubes, leur quantité respective serait donc :

	gr.	once	gros.	grains.
Hydrosulfate de soude.............	28,62	(0	7	36).
Carbonate de soude...............	38,16	(1	2	0).
Sulfate de soude............	14,40	(0	3	54).
Chlorure de sodium........	4,86	(0	1	18).

Cependant, cette dissolution saline ne peut être présentée comme une imitation fidèle des eaux sulfureuses des Pyrénées, tant qu'elle ne contiendra pas de glairine, ce principe qui entre d'une manière si constante dans la composition de ces eaux et qui semble leur communiquer cette onctuosité savonneuse qui les caractérise toutes. Il est vrai que M. Anglada attribue ce caractère à la présence du carbonate de soude ; et l'on ne saurait nier, en effet, qu'il est facile de communiquer à une eau quelconque cette onctuosité, en y mêlant une quantité convenable de ce sel. Mais si la chimie s'accommode de cette explication, la thérapeutique ne s'en accommodera pas aussi bien, et il sera difficile d'attribuer à cet ingrédient les effets qui paraissent résulter du caractère onctueux des eaux sulfureuses.

Du reste, le chimiste que nous venons de citer semble ne pas nier complétement l'utilité de la glairine, lorsqu'il s'exprime ainsi : « Je ne pense pas « que l'idée de remplacer la glairine des eaux mi- « nérales par la gélatine empruntée aux animaux « puisse invoquer en sa faveur le parallèle de leurs « propriétés respectives. » Et il ajoute plus loin : « Si on tenait à se rapprocher de la constitution des « eaux naturelles, je ne vois pas de meilleur moyen « que de recourir aux glaires elles-mêmes, telles « qu'elles se présentent concrétées au bouillon des « sources. Ce serait emprunter à la nature ses pro- « pres matériaux.

« Il serait facile, sans doute, de faire bonne pro- « vision de ces glaires, aux sources où elles abon- « dent le plus ; on les conserverait ensuite à l'abri « de la décomposition, à l'aide de l'alcool, pour être « appropriées à la synthèse des eaux sulfureuses à « glairine, dans les établissements où s'exécutent ces « procédés (1). » En s'exprimant ainsi, l'illustre chi- miste ne semble-t-il pas déserter l'opinion qu'il a émise lui-même, que la formation de la glairine était due au carbonate de soude?

Eau de Baréges artificielle. — En prenant pour base l'analyse de l'eau de la Buvette, faite par M. Longchamp, on a composé une grossière imita-

_____

(1) *Mémoires pour servir à l'histoire générale des eaux minérales sulfureuses*, t. II.

tion des eaux de Baréges, qui se formule de la manière suivante :

Hydrosulfate de soude cristallisé......... 0 gr. 129
Carbonate de soude cristallisé........... 0 030
Sulfate de soude cristallisé............. . 0 122
Sel marin.............................. 0 140
Eau privée d'air...................... 1 litre.

Pour les *bains de Baréges artificiels,* on ajoute une solution gélatineuse de 8 grammes de colle de Flandre, que l'on fait préalablement dissoudre dans l'eau du bain.

Eau de Cauterets. — Voici de quelle manière on dose l'eau artificielle de Cauterets :

Hydrosulfate de soude.................. 0 gr. 069
Sulfaté de soude cristallisé........... 0 010
Sel marin............................. 0 005
Carbonate de soude................... 0 015
Eau privée d'air..................... 1 litre.

Eau de Bagnères-de-Luchon. — En prenant la moyenne des principes fournis par toutes les sources de Luchon, on est arrivé à formuler leur imitation de la manière suivante :

Hydrosulfate de soude................. 0 gr. 243
Carbonate de soude cristallisé.......... 0 100
Sel marin............................ 0 078
Eau privée d'air..................... 1 litre.

Nous n'avons pas la prétention de donner ici une formule pour l'imitation de toutes les sources des Pyrénées et nous bornerons là ces données, qui peuvent servir du reste pour tous les cas dans lesquels on voudrait administrer une eau sulfureuse artificielle.

Les difficultés qui existent dans l'imitation des eaux sulfureuses se représentent, plus ou moins, pour les autres eaux, même pour celles dont la composition est la plus simple. Aussi s'applique-t-on surtout, à l'aide de leurs principes les plus actifs, à reproduire leur action principale, et on néglige les autres. Ainsi, dans les eaux ferrugineuses, par exemple, le fer étant l'agent principal, on se contente de mêler à l'eau une quantité convenable de ce métal à l'état soluble. Pour cela, on introduit successivement, dans une bouteille, une dissolution de sulfate de fer et une dissolution de carbonate de soude; on se hâte de remplir avec de l'eau chargée de gaz acide carbonique et on bouche avec soin. Il s'opère alors une double décomposition qui donne : *sulfate de soude* et *bicarbonate de fer*. (La petite quantité de sulfate de soude que cette manœuvre introduit dans les eaux ne peut rien changer aux résultats médicaux.)

Voici comment se dose cette préparation :

Pour un litre d'eau :

Sulfate de fer cristallisé...... de 0 gr. 05 à 0 gr. 10
Carbonate de soude......... de 0   10 à 0   20

Cette opération doit se faire avec de l'eau bien privée d'air; sans cela, l'oxygène de l'air fait passer le fer à l'état de peroxyde, alors il n'est plus soluble par l'acide carbonique, se précipite sous forme de flocons rougeâtres, et il ne reste plus que de l'eau simple. D'ailleurs, malgré toutes les précautions, il est presque impossible d'éviter qu'une partie du carbonate de fer se suroxyde ; c'est pourquoi il est bon de ne préparer cette eau qu'au moment où l'on veut s'en servir.

Quant aux eaux acidules et salines des Pyrénées, elles sont très-peu imitées et on leur préfère généralement d'autres eaux de la même nature, dont les caractères soient plus tranchés ; c'est pourquoi nous nous dispenserons d'en parler ici.

De la thérapeutique des eaux minérales des Pyrénées.

Il suffit de jeter un coup d'œil sur les variétés infinies que présentent les eaux minérales des Pyrénées, tant par la diversité des ingrédients qui les composent que par la dose ou le mode de combinaison de ces ingrédients, pour juger de la multiplicité des propriétés médicinales qu'elles doivent posséder. Il ne faudrait pas croire cependant que de la connaissance de leur composition chimique, on pût déduire rigoureusement celle de leurs vertus thérapeutiques ; ce serait tomber dans une erreur capitale. Rien de plus incertain, au contraire, que de pareilles données ; et malgré les analyses savantes dues à MM. Anglada, Longchamp, O. Henry, Filhol, Bouis et plusieurs autres chimistes distingués, nous sommes obligés de recourir, comme avant, à l'observation et de consulter les résultats de l'expé-

rience chimique. Ce sont encore là les guides les
plus sûrs que nous ayons pour nous diriger dans le
choix et dans l'application des eaux minérales. En
effet, parmi les eaux qui paraissent offrir à l'analyse
des résultats à peu près semblables, il en est qui
présentent des propriétés médicinales très-diffé-
rentes ; tandis que d'autres, qui offrent les résultats
chimiques les plus opposés, présentent cependant
les mêmes propriétés thérapeutiques. D'un autre
côté, il est incontestable que les mêmes maladies se
rencontrent indistinctement auprès des sources minérales les plus dissemblables par leur composition
chimique, et qu'elles sont en général, toutes plus
ou moins heureusement modifiées par elles. Cela
prouve peut-être que nous ne connaissons pas bien
encore les aptitudes spéciales qui doivent résulter
de la composition de chaque source, mais c'est une
preuve aussi qu'il existe entre toutes ces sources
des propriétés communes, des rapports intimes
que la chimie n'est pas encore parvenue à connaître.

Du reste, quelque perfectionnées qu'elles soient,
les analyses chimiques, il faut bien le dire, ne méritent cependant encore qu'une confiance fort res-
treinte. Peuvent-elles nous dire exactement, en
effet, la nature et la quantité de tous les éléments
qui se trouvent dans les eaux analysées, ou la manière dont ces éléments s'y trouvent combinés ? En
outre, les moyens d'analyse que l'on emploie, le
feu, les réactifs ne modifient-ils pas, n'altèrent-ils
pas la loi des affinités chimiques, de telle sorte
qu'après l'opération, on ne retrouve plus les vérita-

bles éléments de ces eaux ? Et qui nous dit qu'on
ne surprendra pas plus tard, dans leur composition,
de nouveaux principes, de même qu'on y a découvert, depuis peu, l'iode, le brôme, dont on n'y avait
pas d'abord soupçonné la présence ? Et puis il se
trouve dans la composition de ces eaux des matières
pseudo-organiques que l'art n'est pas encore parvenu à analyser, et qui sont cependant d'un grand
poids dans l'appréciation de leurs effets thérapeutiques, telles que les résines, les glaires, les matières extractives, bitumineuses, azotées, etc. —
Il reste à la chimie un grand progrès à faire, avant
qu'elle puisse rien affirmer sur la composition des
eaux minérales et se prononcer avec autorité sur
leur emploi : c'est-à-dire qu'après avoir parfaitement
analysé ces eaux, il lui reste à les recomposer de
toutes pièces, avec toutes leurs propriétés physiques, chimiques, et surtout médicinales.

Si l'on met en rapport les doses extrêmement
faibles des principes minéraux que l'analyse a démontrés dans les eaux avec l'action énergique que
ces eaux produisent sur ceux qui en font usage, on
restera convaincu qu'il existe dans ces eaux quelque
chose de vital et d'organique, qui est en dehors des
lois de la chimie. Aussi, quels que soient les progrès auxquels cette science est appelée dans la suite,
nous croyons cependant que ce n'est pas à elle qu'il
appartient de découvrir le secret de ces affinités
virtuelles, de ces rapports sympathiques qui existent
entre les eaux minérales et nos organes, et qui modifient si puissamment notre constitution, pas plus

qu'elle ne démontrera pourquoi l'opium fait dormir, pas plus que l'anatomiste ne découvrira sur un cadavre les mystères de la vie. Cette découverte, si jamais elle se réalise, est réservée à l'étude des relations des eaux avec la nature vivante, et des phénomènes qui en sont la conséquence : étude que nous pourrions appeler la physiologie des eaux minérales.

Et qu'on ne suppose pas cependant que nous prétendions nier complétement le concours que la chimie peut prêter à la médecine, dans l'application des eaux. Loin de là, nous sommes convaincu, au contraire, que l'analyse peut apporter au médecin des lumières précieuses pour asseoir une indication thérapeutique, expliquer des effets ou prévenir des erreurs graves ; et que, dans aucun cas, on ne doit négliger de la consulter.

Quelques médecins enthousiastes, frappés des effets merveilleux que les eaux produisaient dans certains cas, ont voulu voir en elles une panacée universelle.

Toute la matière médicale se résumait, selon ces fanatiques, dans ces sources bienfaisantes et miraculeuses, et ils les ont prescrites à tout propos, sans mesure et sans discernement. Il faut bien se garder d'un excès aussi aveugle et aussi dangereux, on s'exposerait à de cruels mécomptes. Si les eaux minérales sont un puissant moyen de guérison dans certaines maladies, ce n'est qu'à condition qu'elles seront d'abord parfaitement indiquées, ensuite que leur usage sera dirigé avec sagesse et avec intelligence. L'oubli de ce principe pourrait être suivi des résultats les plus funestes. On devra donc s'appliquer à étudier les effets thérapeutiques des eaux, afin de bien établir la différence des cas dans lesquels elles pourront être utiles, de ceux dans lesquels elles seraient nuisibles ; il faudra aussi connaître les vertus particulières des différentes sources, pour pouvoir faire un choix éclairé dans leur application. Ainsi, parmi les eaux sulfureuses des Pyrénées, par exemple, les unes sont particulièrement salutaires dans les affections chroniques de la poitrine; ce sont celles des Eaux-Bonnes, de Cauterets, de Bagnères-de-Luchon; les autres, pour les plaies d'armes à feu : Baréges, Ax, Amélie-les-Bains ; celles-ci, pour les affections chroniques de la peau ; Baréges, les Eaux-Chaudes, Molitg, etc.; il ne sera donc pas indifférent de choisir au hasard telles ou telles eaux, quelles que soient les maladies auxquelles on aura affaire.

De plus, dans les maladies de même nature, le médecin devra observer l'action des eaux sur les divers individus, afin de combiner la manière de les administrer, la durée ou la température du bain, la quantité d'eau qui doit être bue, selon l'idiosyncrasie ou la susceptibilité des malades. En effet, telle source qui conviendra très-bien aux uns, produira sur les autres de la fièvre, de l'irritation ou d'autres désordres qui forceront à en suspendre l'usage, ou même à y renoncer complétement; tel sujet se trouvera très-bien du bain chaud, tandis que tel autre ne pourra supporter que le bain frais; celui-ci boira impunément plusieurs verres d'eau minérale pure par jour, lorsque celui-là ne devra en boire qu'un verre, coupé avec du lait ou de l'orgeat, etc. Ce n'est qu'en tenant un compte exact de ces divers effets, qu'on aura le droit d'attendre des eaux tous les bons résultats qu'elles sont susceptibles de produire.

Prises en bain ou en boisson, les eaux minérales, quelles que soient, du reste, les différences de leurs propriétés physiques ou chimiques, qu'elles soient chaudes ou froidés, sulfureuses, acidules, salines ou ferrugineuses, agissent cependant toutes d'une manière à peu près analogue, c'est-à-dire qu'elles sont toniques et excitantes, ce qui les rend également précieuses à l'hygiène et à la thérapeutique.

Leur action se porte d'abord sur le tube digestif et sur la peau, et, de là, retentit sur tout l'organisme. Cette action se décèle, le plus souvent, par une augmentation dans les sécrétions et dans la transpiration cutanée ; elle détermine sur toute la surface tégumentaire un état de phlogose accompagné souvent d'exanthèmes, de furoncles, d'éruptions pustuleuses que l'on désigne, dans quelques thermes, sous le nom de *poussée ;* signes des efforts que fait la nature pour se débarrasser d'un principe morbifique et que l'on doit toujours considérer comme un heureux effet des eaux. Elle imprime à l'organisme une réaction fébrile qui provoque un changement, une perturbation salutaire.

C'est par de pareils procédés que les eaux minérales modifient et régénèrent le tempérament, en éliminant les humeurs cachectiques et en mêlant au sang les principes minéraux qu'elles contiennent. Ainsi, elles rétablissent l'équilibre de la circulation, régularisent le jeu des organes et produisent sur toute l'économie une transmutation qui ramène les fonctions à leur type normal.

Cette manière d'agir convient fort aux natures languissantes qu'elle relève et tonifie. Elle excite les tempéraments inertes ou débilités et restitue leur ancienne énergie aux sujets délabrés par de longues maladies, épuisés par l'excès du travail, des veilles ou des plaisirs.

Mais c'est surtout dans le traitement des maladies chroniques que les eaux minérales produisent des effets aussi merveilleux que multipliés, lorsqu'elles sont appropriées et que le traitement est convenablement dirigé. C'est dans ces affections inertes et invétérées, contre lesquelles ont échoué tous les efforts de l'art, que leur puissance se révèle avec le plus d'éclat. Alors elles ébranlent l'organisme, modifient cet état de maladie qui était devenu, pour ainsi dire, l'état normal, et le font passer, comme l'a observé le premier, Bordeu, du mode chronique au mode aigu, pour en opérer plus facilement la résolution.

Il n'en est pas de même pour les maladies aiguës, surtout quand elles sont inflammatoires ; ici, l'usage des eaux, loin d'être favorable, pourrait devenir extrêmement dangereux.

Elles sont nuisibles dans les anévrysmes du cœur, dans les congestions sanguines du poumon ou du cerveau : elles exposeraient, dans ces cas, à des hémoptysies ou à des apoplexies.

Elles ne conviennent pas mieux dans les affections chroniques, lorsqu'il y a de la fièvre ou bien lorsqu'il s'opère une dégénérescence tuberculeuse ou cancéreuse : leurs propriétés excitantes ou toniques ne feraient qu'augmenter la fièvre et hâter le travail de décomposition.

C'est pour cela que quelques médecins systématiques, qui s'obstinent à ne voir dans les maladies d'autre type que le type inflammatoire, ont pris le parti de nier avec intrépidité les vertus des eaux minérales, parce qu'elles ne s'accommodaient pas avec leurs théories ; et ils ont soutenu que leurs effets, lorsqu'ils n'étaient pas nuls, étaient nuisibles. On conviendra qu'il faut être bien aveuglé par l'esprit de doctrine et de parti, pour se refuser à une évidence aussi éclatante ; ou bien il faut n'avoir pas vu cette longue file de malades atteints de gastralgies, de rhumatismes, d'engorgements strumeux, de gravelle, de paralysie, de goutte, d'ulcères inertes, de catarrhes chroniques, de névralgies, de dartres, etc., etc., qui fréquentent chaque année, en si grand nombre, les eaux minérales, et qui s'en reviennent chez eux, après la saison, les uns guéris, les autres considérablement soulagés ! C'est, direz-vous, le voyage, les distractions, le changement d'air et de régime qui ont opéré ces guérisons ! Tout en reconnaissant les bons effets de ces diverses conditions et la part qu'elles doivent prendre dans un traitement, nous ne leur reconnaissons pas, cependant, la faculté de guérir des maladies telles que celles que nous venons de citer. Qu'on essaie, par exemple, de traiter par les voyages un catarrhe chronique ou bien une blessure par armes à feu. Et d'ailleurs, ne sait-on pas que, quoique les eaux minérales transportées perdent beaucoup de leurs vertus, on peut, cependant, les prendre encore chez soi avec beaucoup de succès. « Enfin, dit M. Patissier, veut-on une preuve incontestable de l'action puissante que les eaux exercent par elles-mêmes? qu'on examine leurs effets sur les animaux : chaque année il arrive à Cauterets, Bonnes, Luchon, des chevaux attaqués d'un commencement de pousse; toutes les fois que cette maladie n'est pas le produit d'une lésion organique, ces chevaux, après avoir bu, trois semaines ou un mois, l'eau sulfureuse, sont reconduits parfaitement guéris. »

Non, les eaux minérales ne sont pas sans vertus; la nature, qui ne fait rien en vain, en les rendant impropres aux usages de la vie habituelle, leur a réservé une autre destination, et cette destination, l'expérience nous l'a appris, c'est de guérir nos maux. Dans sa sage prévoyance, elle les a semées en abondance sous nos pas, et leur a réparti des qualités diverses, appropriées aux différentes maladies, en nous laissant le soin d'étudier ces propriétés, afin de les appliquer convenablement.

La difficulté, souvent même l'impossibilité du voyage, les frais que nécessite toujours un déplacement, ont fait naître l'idée de transporter les eaux minérales auprès des malades. Mais ces eaux, une fois transportées, se trouvent changées, dénaturées; elles se décomposent et perdent pour ainsi dire leur virginité, et, avec elle, cette force virtuelle, ce calorique vital qui en fait le caractère et qu'on ne retrouve qu'à la source. Ainsi nous avons remarqué, par exemple, que plusieurs malades qui prenaient avec succès les eaux des Pyrénées, sur les lieux, ne pouvaient plus les supporter ailleurs. C'est ce qui a fait dire à Anglada que, loin de la source, on n'avait plus que le *cadavre des eaux*.

Pour remédier à cet inconvénient, les chimistes sont intervenus avec un attirail d'appareils et de réactifs. Ils ont analysé les eaux avec plus ou moins de précision et ils ont dit : Nous allons vous faire des eaux minérales artificielles aussi puissantes que les eaux naturelles, préférables même, puisque leur formation sera soumise à des lois fixes et invariables, tandis qu'il est certain que la composition des eaux naturelles varie souvent, ce qui est bien constaté pour beaucoup d'entre elles, et des meilleures. Ils se sont donc mis à l'œuvre, et nous avons pu juger, par l'expérience, combien les résultats étaient loin de répondre à leurs promesses. Et comment aurait-il pu en être autrement? les principes qui composent ces eaux se trouvent mêlés et combinés, par la nature, dans des conditions particulières que l'art ne saurait imiter ; et les chimistes qui affichent de pareilles prétentions, nous paraissent aussi téméraires que l'anatomiste qui, avec des muscles, des nerfs, des os et du sang, entreprendrait de reconstruire un être vivant.

La médication des eaux naturelles, prises à la source, est encore puissamment secondée par l'influence de causes hygiéniques qui coïncident avec l'action thérapeutique de ces eaux, et qui ajoutent beaucoup à leurs propriétés. Ainsi, le voyage, le changement d'air et de climat, les distractions, la régularité du régime, contribuent pour beaucoup à leurs bons effets. Quel changement favorable, pour l'habitant des grandes villes, habitué à une vie sédentaire et laborieuse, que de se voir transporté tout à coup à la campagne, au milieu d'un air vif et pur, loin du fracas de la rue, des tracasseries des affaires, de l'irritation des passions politiques et de toutes ces causes qui entretenaient et exaspéraient son mal! Ici, plus d'ennui, plus de réclusion ; il respire librement, il savoure le bonheur de l'oisiveté, et, dans un calme complet d'esprit, il s'occupe exclusivement du soin de sa santé. Les courses dans les montagnes, le silence des passions, le charme d'une vie simple et champêtre, la privation de ces âcres voluptés qui énervent les forces, usent et ruinent la santé ; toutes ces causes ne peuvent-elles pas aider puissamment à la guérison de ces âmes blasées, de ces tempéraments épuisés par les excès de tout genre, vieillis avant l'âge, et que le dégoût et la fatigue ont plongés dans une hypochondrie mélancolique qui les mine sourdement ?

Cependant, nous ne prétendons pas nier d'une manière absolue les services importants que l'imitation des eaux minérales rend à l'art de guérir. L'expérience nous apprend tous les jours que ces préparations qui ne sont qu'une copie, souvent grossière, de la nature, constituent cependant les médicaments précieux, auxquels la médecine a recours avec avantage. Il est même des cas où, à l'aide de la chimie, on peut favoriser l'usage des eaux minérales naturelles : ainsi, en chargeant d'un excès d'acide carbonique les eaux ferrugineuses et les eaux salines, on les rend moins rebutantes et d'une plus facile digestion.

CHAPITRE III.

CONSEILS A CEUX QUI PRENNENT LES EAUX MINÉRALES

DES PYRÉNÉES.

SOMMAIRE.

Préceptes généraux pour prendre les eaux minérales. — Époque à laquelle il convient le mieux de prendre les eaux. — Saisons des eaux. — Précautions pour boire les eaux, — pour prendre les bains. — Du régime à suivre pendant l'usage des eaux.

Il ne faut pas croire que les eaux soient des remèdes innocents dont on peut abuser impunément. Elles sont susceptibles, au contraire, lorsqu'elles sont mal appliquées, de provoquer les plus fâcheux désordres, et nous avons vu des accidents graves survenir chez des personnes qui, sans être malades, prenaient les eaux par fantaisie ou par occasion. Il arrive souvent que les malades, dégoûtés des médecins et des remèdes, projettent tout à coup d'aller prendre les eaux minérales ; alors ils choisissent au hasard, sur la carte, le lieu que leur désigne le caprice ou le hasard, et ils partent sans s'inquiéter si leur maladie est de nature à être traitée par les eaux, ou bien si ce sont là les eaux qui lui conviennent. Rien de plus imprudent qu'une pareille conduite, et le malade ne doit jamais se déterminer à aller prendre les eaux, sans avoir préalablement consulté un médecin éclairé qui lui indiquera quelles sont les eaux qu'il doit prendre, de quelle manière il doit les employer, et le régime qu'il doit suivre. Il est, en effet, de la plus haute importance que le choix des eaux et le mode d'administration soient parfaitement appropriés à la nature de la maladie et au tempérament du malade.

Une fois rendu aux eaux, le malade ne doit pas diriger lui-même son traitement. Il est une foule de considérations qu'il lui est impossible d'apprécier, et qui doivent apporter des modifications dans ce traitement, dans la manière de prendre les bains, leur durée, leur température, le régime à suivre, la quantité d'eau qui doit être bue, etc. C'est pourquoi il fera choix d'un médecin qu'il mettra au courant de sa maladie et du traitement qui a déjà été employé, et il suivra exactement ses conseils.

Quelques estomacs délicats ne peuvent supporter les eaux minérales pures: alors on a l'habitude de les mêler avec du lait, de la décoction d'orge ou de toute autre boisson rafraîchissante; d'autres les prennent pendant les repas; nous approuvons volontiers ce mélange, qui rend les eaux plus supportables, sans leur ôter de leur action; mais nous repoussons cette coutume routinière de faire concourir l'usage des médicaments avec celui des eaux minérales, et, sauf quelques rares exceptions qui se trouvent indiquées par des cas tout particuliers, nous les proscrivons complétement, et nous croyons au contraire que, pour que les eaux produisent un bon effet, il faut les laisser agir librement, sans leur associer des drogues qui, souvent, contrarient leur action, au lieu de la seconder; et d'ailleurs, les malades, avant de se décider à aller aux eaux, n'ont-ils pas, pour la plupart, épuisé toutes les ressources de la pharmacie? Délivrez donc leur estomac de toutes ces préparations qui le dégoûtent et le fatiguent; laissez les eaux agir seules; et, si elles sont bien indiquées, si leur emploi est bien dirigé, nous croyons pouvoir vous assurer plus de succès, par ce moyen, que par toutes les médications mixtes et douteuses.

Nous en dirons autant de la saignée dont on a fait un précepte général, pendant le traitement des eaux, et que nous regardons, nous, comme souvent inutile et quelquefois même contre-indiquée. Ainsi, à part quelques cas de constitution pléthorique qui font redouter l'apoplexie, d'évacuations supprimées, d'habitude contractée depuis longtemps, nous croyons qu'on doit s'en abstenir.

La plupart des eaux minérales conservant toujours les mêmes propriétés, on pourrait, à la rigueur, les prendre indifféremment dans toutes les saisons de l'année; mais l'usage a voulu qu'on les prît surtout en été, parce qu'alors les voyages sont plus faciles, la campagne plus agréable, les malades moins exposés aux intempéries et plus en état de supporter le déplacement. Cependant, M. Lallemand prétend que l'hiver serait préférable pour le traitement des maladies par les eaux minérales. En effet, selon cet illustre professeur, les personnes qui prennent les bains pendant l'été, les quittent à l'apparition des

premiers froids, et bientôt survient l'hiver qui leur
fait perdre tout le bénéfice de leur traitement ; tandis que si l'on guérissait la maladie dans la saison la
plus défavorable, on rentrerait chez soi au printemps,
et le retour de la belle saison viendrait favoriser la
convalescence et consolider la guérison. Nous pensons qu'on pourrait appliquer cette méthode avec
avantage dans les établissements où, comme au
Vernet (Pyrénées-Orientales), on est parvenu à cor-
riger les rigueurs de l'hiver en profitant du calorique des eaux pour entretenir dans les appartements des malades, une température douce et toujours égale. Ce mode de traitement est favorable
aux malades atteints d'affections de poitrine, qui ont
intérêt à s'entourer d'une atmosphère tiède et toujours égale et pour lesquels l'hiver est ordinairement une saison périlleuse à traverser.

Un usage assez généralement établi a voulu qu'on
divisât la durée du traitement par les eaux minérales
en plusieurs périodes, de quinze à vingt-cinq jours,
qu'on appelle *saisons*. Sans constituer une règle générale, cette pratique doit être cependant observée,
dans un grand nombre de cas. L'expérience a
prouvé, en effet, qu'après avoir produit sur l'organisme une certaine excitation, il était bon de laisser
reposer la nature pendant quelque temps. Alors,
l'équilibre des fonctions se rétablit, les forces se
réparent, et l'on revient ensuite à la charge avec
plus de succès. D'autres fois, on obtient, au contraire, des effets plus sûrs en agissant d'une manière
lente et graduée, mais continue. C'est au médecin

qu'il appartient de juger, selon les circonstances, à laquelle de ces deux méthodes on doit donner la préférence.

Il arrive quelquefois qu'on n'obtient des effets salutaires des eaux minérales qu'après avoir vu s'exaspérer les symptômes des maladies dont on était venu chercher la guérison. Ainsi des dartres, des éruptions cutanées qui semblaient supprimées, reparaissent; les douleurs rhumatismales deviennent plus vives; les plaies s'agrandissent avant de se cicatriser; de vieilles cicatrices se rouvrent, etc. De pareils résultats effrayent et découragent les malades, et il est bon qu'ils en soient prévenus afin qu'ils ne perdent pas, par trop de précipitation, le bénéfice d'un traitement qui est en bonne voie.

D'autres fois, au contraire, les eaux paraissent ne produire aucun effet, et les malades les prennent sans qu'elles leur fassent éprouver aucune impression, aucun changement notable; ce n'est que plus tard, lorsque, rentrés dans leur foyer, ils ont repris le cours de leurs habitudes régulières, ce n'est qu'alors qu'ils voient s'opérer une guérison souvent d'autant plus sûre qu'elle est plus tardive.

Pour qu'elles conservent toutes leurs vertus, les eaux minérales doivent être bues à la source. Le transport leur fait perdre une partie de leurs propriétés. On les prend avec plus d'avantage, le matin, à jeun, au sortir du lit.

On commence par en boire un verre ou deux, et on augmente chaque jour la dose, en ayant soin de se régler sur les forces de l'estomac. Il arrive sou-

vent que les malades, persuadés que la marche de la
guérison est toujours proportionnée à la quantité
d'eau ingérée, se mettent à en boire chaque jour
des doses prodigieuses. Des embarras des organes
digestifs, des gastrites, des fièvres inflammatoires
sont, le plus souvent, le prix de cette conduite inconsidérée.

Il faut boire l'eau au sortir du griffon (1), avant
qu'elle ait perdu ses gaz et sa chaleur. On fait ensuite un léger exercice pour en favoriser l'action.

Si la maladie ou le mauvais temps ne permettent
pas de se rendre à la fontaine, on peut faire apporter
l'eau chez soi, dans un vase parfaitement clos, afin
d'empêcher l'évaporation des principes volatils. Si
l'eau est chaude à sa source et qu'elle se soit re-
froidie dans le trajet, il sera bien, avant de la boire,
de la chauffer au bain-marie.

Les personnes qui boivent avec répugnance les
eaux minérales doivent les prendre en petite quantité. Le dégoût qu'elles causent s'oppose souvent à
leurs bons effets. On peut, si on l'aime mieux, les
couper avec du lait, de la décoction de plantes
amères ou émollientes, les mêler avec du vin, les
boire pendant les repas. Du reste, on s'habitue bien
vite au goût de ces eaux et on finit souvent par boire
avec un certain plaisir celles qui, au début, causaient
la plus grande répugnance.

Il ne faut pas suspendre brusquement l'usage des

(1) Ce mot qui reviendra plusieurs fois dans le cours de cet
ouvrage signifie, en langue hydrologique, le point où une
source sort de terre.

eaux minérales : ces changements subits produisent toujours sur l'organisme des secousses plus ou moins fâcheuses. On finira donc en diminuant graduellement dans les proportions dans lesquelles on avait augmenté en commençant.

On ne doit jamais se baigner que quatre ou cinq heures après le dernier repas, afin de donner à la digestion le temps de s'opérer. Ce précepte est de la plus haute importance, il ne faut pas le négliger. Avant d'entrer dans le bain, il est bon de faire un peu d'exercice que l'on ne portera pas jusqu'à la fatigue. Il faut éviter de se baigner lorsque le corps est en sueur.

C'est, le plus souvent, le matin, à jeun, que l'on prend le bain. On peut en prendre plusieurs dans la journée, cependant, assez ordinairement, un seul suffit.

La durée des bains et leur température seront modifiées selon l'état des malades et le genre de leurs maladies, selon la nature des eaux.

Le bain froid ne doit durer que peu d'instants, de cinq à dix minutes tout au plus : c'est une simple immersion.

La durée du bain chaud doit être un peu plus longue : de quinze à vingt minutes.

Le bain tempéré peut durer une ou deux heures; quelquefois même on le prolonge pendant une partie de la journée.

En sortant du bain, il faut s'essuyer avec du linge bien sec et se couvrir de vêtements de laine.

Quelques personnes conseillent de se mettre, après

le bain tempéré, dans un lit chaud, pour favoriser la transpiration que le bain provoque. Cette mesure sera avantageuse si le malade est faible et languissant; dans le cas contraire, il vaut mieux faire un peu d'exercice.

Pendant le temps des menstrues, les femmes s'abstiendront des eaux minérales, soit en bain, soit en boisson.

Le traitement par les eaux minérales, comme tous les autres traitements, a besoin, pour produire de bons effets, d'être secondé par un régime bien dirigé : c'est une condition sans laquelle il n'y a pas de guérison possible.

Le malade devra donc régler ses repas. Le matin et le soir, il prendra du laitage, du chocolat, des œufs, des fruits, des confitures, avec un peu de vin vieux de bonne qualité (du vin de Bordeaux); à dîner, il pourra manger des viandes blanches, bouillies ou rôties; du poisson, des légumes, etc.; mais il devra s'abstenir de viandes noires, de ragoûts salés ou épicés, de salade, de liqueurs alcooliques, enfin de tous les mets excitants ou de difficile digestion.

L'usage des eaux provoque quelquefois des appétits immodérés qu'il faut bien se garder de satisfaire complétement, car les digestions laborieuses nuiraient considérablement au traitement. La quantité des aliments ne devra donc pas être exagérée.

Les variations de température, si fréquentes surtout dans les Pyrénées, contrarient l'action des eaux, ce qui nécessitera l'usage de vêtements chauds. Il faut, pendant toute la saison, renoncer aux habits d'été. Cette précaution est d'autant plus indispensable, que l'usage des eaux augmente en général la transpiration cutanée, et par conséquent la susceptibilité de la peau.

L'exercice favorise singulièrement l'effet des eaux et réclame une bonne part dans la guérison des maladies : il est donc important de faire des promenades à pied ou à cheval dans la campagne.

Les malades devront s'attacher à respirer un air pur ; ils chercheront les distractions et les amusements ; ils éviteront les chagrins, les inquiétudes, les pensées tristes et toute occupation qui demande de grands efforts d'attention ou d'intelligence ; ils éviteront de s'abandonner à ces plaisirs violents qui ébranlent l'organisme et perturbent la calme régularité des fonctions.

Nous bornerons là les préceptes généraux que nous avons cru devoir donner à ceux qui prennent les eaux minérales, et nous n'entrerons pas dans une infinité de détails qui doivent varier selon les malades ou les maladies et qui ne peuvent trouver ici leur place. C'est au médecin chargé de diriger le traitement, qu'il appartiendra de les modifier selon les individus.

CHAPITRE IV.

DES EAUX SULFUREUSES DES PYRÉNÉES.

EAUX SULFUREUSES DU DÉPARTEMENT DES BASSES-PYRÉNÉES.

Bonnes, ou les Eaux-Bonnes.

Histoire et topographie. — Le village des Eaux-Bonnes doit son nom et son origine aux eaux minérales qu'il possède. Ces eaux n'étaient connues que des habitants de la contrée, lorsque Jean d'Albret, grand-père de Henri IV, y envoya ses soldats béarnais blessés à la bataille de Pavie : c'est de cette époque que date leur première réputation. On leur donna, à cette occasion, le nom d'*eaux d'arquebusades.*

Ce village, dépendant de la commune d'Aas, est situé dans la vallée d'Ossau, à 4 kilomètres de Laruns, 8 des Eaux-Chaudes, 44 de Pau, et à 790 mètres environ au-dessus du niveau de la mer. Il est caché dans un site solitaire, au fond d'un bassin profond et pittoresque qu'entourent de toutes parts des montagnes escarpées, comme pour le préserver des grands vents. On y arrive par une route belle et accidentée qui, de Pau, se dirige directement vers le

sud en côtoyant le gave d'Ossau jusqu'à Laruns (1).
Là, elle se bifurque en deux branches, dont la droite
conduit aux Eaux-Chaudes et la gauche aux Eaux-
Bonnes. A cause de sa position, la vallée est su-
jette aux inondations après les pluies d'orage et
pendant la fonte des neiges.

Le village des Eaux-Bonnes consiste en une seule
rue composée d'une cinquantaine de maisons, cons-
truites la plupart en marbre des Pyrénées, avec
beaucoup de goût et d'élégance. On y trouve des
hôtels propres et bien tenus (2), des appartements
bien meublés, des tables d'hôte servies avec luxe et
confort. Mais, à côté des objets nécessaires à la vie,
il y manque ce qui pourrait la rendre agréable;
ainsi il n'y a pas un café convenable, pas un cercle,
un lieu de réunion où les baigneurs puissent trouver
dans les agréments de la conversation, de la lecture
des journaux, d'une partie de jeu ou de tout autre
passe-temps, un refuge contre l'ennui auquel expose

(1) La ville de Pau, ancienne capitale du Béarn, et aujour-
d'hui chef-lieu du département des Basses-Pyrénées, une des
villes les plus jolies et les plus coquettes du midi de la France,
peut être considérée comme point de départ pour la plupart des
thermes des Pyrénées occidentales. Tous les jours, pendant la
saison des eaux, on y trouve des voitures pour les Eaux-
Bonnes, les Eaux-Chaudes, Cauterets, Bagnères, Barèges, Saint-
Sauveur, etc. Nous conseillons toutefois au voyageur de ne
pas quitter cette ville avant d'avoir visité son magnifique château, monument rempli de souvenirs historiques.

(2) Les principaux sont : l'hôtel des Princes, de France,
d'Europe, du Petit-Paris, etc. Les logements sont chers pendant
le fort de la saison. La table d'hôte coûte 4 fr. par jour; on
peut aussi faire apporter sa nourriture chez soi.

9.

la vie oisive des eaux et qui est si funeste aux malades.
Il ne reste donc au baigneur d'autre ressource que la
promenade, et les environs des Eaux-Bonnes lui
offriront amplement les moyens de se livrer à ce
genre de distraction. D'abord, un jardin anglais
occupe le centre du village; puis un sentier sinueux
que l'on perd et que l'on retrouve au milieu des
massifs de verdure et qui s'appelle la promenade
Grammont, s'élève sur la montagne de Gourzi, jusqu'à une certaine hauteur, et, contournant le village,
va rejoindre la promenade Eynard qui descend jusqu'au bord du Valentin; enfin, une promenade
horizontale, accident imprévu au milieu de ces montagnes, offre aux malades et aux convalescents une
longueur de 2 kilomètres qu'ils peuvent parcourir
sans fatigue. Le soir, cette promenade est le rendez-
vous général des baigneurs, lorsque le temps le
permet. Là, on rencontre ses amis et ses voisins de
la table d'hôte, et l'on fait un tour de promenade en
compagnie. C'est là que viennent se montrer les
dernières modes de la toilette parisienne.

Les étrangers ingambes qui ne voudraient pas
s'en tenir là, n'ont qu'à se munir d'un guide et
d'un bâton ferré et à se mettre en route : nous leur
promettons d'avance toutes les vives impressions
qui peuvent surprendre et intéresser le voyageur au
milieu de la sauvage et grandiose nature des montagnes. Ils devront visiter surtout la cascade de *Lar-
resecq*, celle de *Discoo* et celle du *Gros hêtre*, le
joli village de Laruns, la grotte d'Espalungue, la
grotte des Eaux-Chaude et le pont d'Enfer; enfin,

ils feront l'ascension du Pisc du Ger et de la
montagne Verte qui dominent tous deux le village.
Les personnes qui redoutent les fatigues d'une longue marche, trouveront aux Eaux-Bonnes d'excellents chevaux montagnards, au pied sûr et à l'allure
agréable, pour toutes ces excursions. Les environs
sont remplis d'intérêt pour le botaniste et pour le
géologue.

Sources et établissement. — Les sources des Eaux-
Bonnes jaillissent au pied de la montagne du *Trésor*,
d'une couche de marbre immédiatement placée au-
dessus du granit; ces sources sont :

	Tempér.
La Vieille ou la Buvette............	33°
La Nouvelle......................	31°
La source d'En bas.	32°

Ces trois sources sont exploitées par un établissement thermal un peu petit, mais commode et d'une
architecture élégante. Du reste, le peu d'abondance
des sources ne pourrait comporter un établissement
plus vaste ; et puis, les eaux de Bonnes étant employées surtout en boisson, cet établissement, tel
qu'il est, suffit aux besoins du service médical.
Il possède 2 buvettes, 11 baignoires et un système
complet de douches. — A quelques pas du village,
on trouve encore la source d'*Ortech*, température 23°
et la *Froide*, 13°, qui ne sont employées qu'en
boisson.

Propriétés physiques et analyse. — Ces eaux sont
limpides, incolores, charriant quelques flocons

blancs ; elles sont onctueuses au toucher, d'une saveur douceâtre, amère, nauséabonde, d'une odeur d'œufs durcis ; lorsqu'on les regarde à travers un verre, elles laissent apercevoir un dégagement actif de gaz qui pétille à la surface. Elles déposent, dans les canaux et dans les réservoirs, de la glairine en assez grande abondance.

Les Eaux-Bonnes ont été analysées par plusieurs chimistes. L'analyse la plus récente et la plus complète est celle qui a été faite par M. O. Henry, sur l'eau transportée à Paris. Voici les résultats de cette analyse :

Pour 3 litres d'eau :

litres.

Azote............................... 0,050
Acide carbonique.................... 0,016
Acide hydrosulfurique............... 0,022

gram.

Hydrochlorate de soude.............. 0,067
Hydrochlorate de magnésie........... 0,014
Hydrochlorate de potasse............ Traces.
Sulfate de chaux.................... 0,368
Sulfate de magnésie................. 0,039
Carbonate de chaux.................. 0,015
Silice.............................. 0,030
Oxyde de fer........................ 0,020
Matière organique sulfurée.......... 0,332
Soufre.............................. Traces.

M. Longchamp a constaté dans les Eaux-Bonnes la présence du sulfure de sodium qui ne se trouve pas dans l'analyse de M. Henry, probablement par suite de la décomposition que ces eaux avaient subie pendant leur trajet.

Propriétés médicales. — Les eaux de Bonnes figurent parmi les moins excitantes des Pyrénées ; aussi conviennent-elles spécialement aux personnes faibles et délicates, aux femmes et aux enfants. Elles produisent sur l'économie la même stimulation que les autres sulfureuses, mais à un degré moins grand. L'individu qui en fait usage est plus gai, plus dispos ; son imagination s'exalte, quelquefois il éprouve comme une sorte d'ivresse ; il survient de l'agitation, de l'insomnie, de la chaleur à la peau, souvent même de la fièvre. Elles excitent l'appétit, favorisent la digestion, provoquent des sueurs, augmentent la sécrétion des urines, excitent les organes génitaux et régularisent le flux menstruel ; en un mot, elles tonifient l'organisme et redoublent l'énergie de toutes les fonctions. Nous recommandons expressément aux malades de ne pas en user légèrement et avant d'avoir pris les conseils d'un médecin. « Ce qui, bien employé, guérit, dit Bordeu, devient un poison violent si on en use inconsidérément. »

Par une singulière destinée, ces eaux qui n'étaient employées autrefois qu'en bains, et uniquement contre les plaies, les ulcères et les maladies chirurgicales, sont, à peu près, exclusivement affectées aujourd'hui au traitement des maladies chroniques des organes respiratoires, telles que la laryngite, la bronchite, la pneumonie, le catarrhe, l'asthme humide, la phthisie, pulmonaire et laryngée, etc. etc., et on ne les administre guère qu'en boisson. C'est à Bordeu qu'elles sont redevables de ce changement.

La source froide est employée avec succès par les jeunes filles chez lesquelles le flux menstruel se fait trop attendre, ainsi que dans la chlorose, les flueurs blanches, la dysménorrhée.

L'état aigu ou inflammatoire, l'hémoptysie, la phthisie au troisième degré sont exaspérés par l'usage de ces eaux et constituent une contre-indication absolue.

Voici dans quels termes M. le docteur Andrieu, médecin distingué d'Agen, qui s'est spécialement livré à l'étude des vertus thérapeutiques des Eaux-Bonnes, établit leur indication et leur contre-indication : « La chronicité, l'asthénie, l'état catarrhal, l'état muqueux, la diathèse scrofuleuse, l'état lymphatique, la laxité des tissus, la congestion passive habituelle, une sensibilité un peu obtuse, une irritabilité peu prononcée, la diathèse herpétique, les affections rhumatique et hémorrhoïdale, la suppression de certaines sécrétions habituelles, les engorgements atoniques des tissus, compliqués ou non de la présence de tubercules à l'état de crudité ; telles sont les conditions pathologiques qui indiquent spécialement l'administration des Eaux-Bonnes, alors surtout que, par sa manifestation, l'état morbide affecte spécialement les organes vocaux et respiratoires. L'état inflammatoire, l'éréthisme nerveux exagéré, la douleur excessive, l'état spasmodique violent, la fluxion active, l'état pyrétique, la pléthore prononcée, les sueurs coliquatives ; telles sont les contre-indications majeures, absolues ou relatives de l'administration de ces mêmes eaux (1). »

On boit les eaux de Bonnes à jeun depuis un verre jusqu'à un litre, limite extrême qu'on ne doit pas dépasser ; on commence par la plus faible dose que l'on augmente graduellement. De cette manière, l'estomac s'y habitue insensiblement et les tolère sans en être incommodé. On les emploie encore avec beaucoup d'avantage en gargarismes dans les maladies de la glotte et du larynx.

Ces eaux s'altèrent peu par le transport. Aussi, de toutes les eaux sulfureuses des Pyrénées ce sont celles que l'on exporte le plus. On en trouve des dépôts dans les pharmacies de toutes les villes un peu importantes de France.

L'abonnement à la boisson des eaux est de 10 fr. pour toute la saison.

Médecins :
DARALDE, inspecteur.
CROUZEILHES, adjoint.
CAZENAVE.

Les Eaux-Chaudes.

Le village des Eaux-Chaudes, à 144 kilomètres de Bayonne, 44 de Pau et 673 mètres au-dessus du niveau de la mer, se compose de vingt à vingt-cinq maisons groupées autour d'un établissement thermal. Il est situé au fond d'une gorge étroite et profonde, resserrée entre de hautes montagnes où

(1) *Essai sur les Eaux-Bonnes*, par M. Andrieu. Agen, 1847.

l'espace lui est disputé par le Gave de Gabas qui
mugit sans cesse à ses côtés. Dans ce lieu sauvage
le soleil n'apparaît que durant quelques heures. Le
paysage offre, par intervalles, l'aspect d'une végétation vigoureuse et abondante à côté de rochers d'une
nudité complète ; en résumé, cette nature âpre et
inculte est empreinte d'un certain caractère d'une
beauté sévère et grandiose qui est loin d'être sans
charmes.

La route qui va de Pau aux Eaux-Chaudes est la
même que celle des Eaux-Bonnes jusqu'à Laruns ;
là, après avoir passé le pont de marbre jeté sur le
Gave de Gabas, elle tourne brusquement à droite
et s'engage dans une brèche de la montagne par laquelle s'échappe le Gave. Il n'y a pas longtemps
encore, on passait, pour aller à ces thermes, par
un chemin périlleux qui gravissait des sommets
escarpés et côtoyait des gouffres sans fond. Au sommet de ce passage on trouve une petite chapelle
dédiée à la Vierge par Catherine de Navarre, sœur
de Henri IV, et placée là comme pour avertir le
voyageur qu'il n'a rien de mieux à faire, avant de
s'engager dans ces précipices, que de recommander
son âme au ciel. Aujourd'hui on se rend aux Eaux-
Chaudes par une magnifique route audacieusement
sculptée par la mine dans les flancs de la montagne,
à côté du torrent dont elle suit les sinuosités (1). —

(1) Nous verrons cette disposition se reproduire d'une manière assez générale dans toute la chaîne des Pyrénées. Presque toujours, dans ces gorges, les routes marchent de compagnie avec un gave ou une rivière.

On arrive au village subitement, avant d'avoir été prévenu de son approche; et c'est un accident qui surprend toujours le voyageur, que de découvrir tout à coup, au fond de cette gorge sauvage, au milieu de cette nature austère et imposante, un village neuf, avec de belles maisons blanches, un magnifique établissement, des hôtels d'une belle apparence et une société qui apporte dans ce pays le luxe des grandes villes et les manières du monde civilisé. L'aspect de cette vie artificielle, transplantée passagèrement au milieu d'un cadre si peu fait pour elle, produit un effet singulier.

Les Eaux-Chaudes ont joui d'une grande vogue, du temps de la cour de Navarre. Marguerite de Valois, Catherine de Navarre, Henri II et Henri IV sont venus boire à ces sources, et on possède des édits de ce dernier roi, datés des Eaux-Chaudes, du mois de juin 1581. Elles étaient alors, chaque année, le rendez-vous du monde noble et élégant : on y voyait surtout force couples inféconds qui venaient y chercher une lignée. La renommée accordait en effet à ces eaux le pouvoir de favoriser la fécondité. Elles furent ensuite négligées et finirent même par tomber dans un abandon presque complet. — Déjà, en 1671, le duc de la Rochefoucauld, l'auteur des *Maximes*, se rendant aux Eaux-Chaudes, fut obligé de s'arrêter quelques jours à Pau, pour attendre qu'on lui préparât un logement convenable. Plus tard, les états du Béarn déléguèrent, pour visiter les Eaux-Chaudes, une commission de syndics qui, à son retour, s'exprimait ainsi dans son rapport : « Au

mois d'octobre 1745, nous nous transportâmes dans
la vallée d'Ossau, nous visitâmes les bains et les logements des Eaux-Chaudes, nous trouvâmes le tout
dans un désordre affreux, et il n'est pas possible que
des honnêtes gens puissent y résider. »

Il est probable que les périls dont était hérissé le
voyage des Eaux-Chaudes et les difficultés que l'on
éprouvait pour s'y loger ont contribué pour beaucoup à l'abandon de ces eaux. Aujourd'hui que
toutes ces causes ont disparu, que l'on y aborde sans
péril, que l'on s'y loge commodément, qu'on y trouve
des hôtels où l'on est parfaitement servi, à bon marché (1), les Eaux-Chaudes tendent à regagner leur
ancienne réputation ; elles sont visitées par une affluence de malades qui s'accroît chaque année, et
tout porte à croire qu'avant peu elles auront pris
dans la thérapeutique le rang qui leur est dû.

Au moyen d'omnibus qui font le trajet, plusieurs
fois dans la journée, il s'opère, entre les Eaux-
Chaudes et les Eaux-Bonnes, un échange continuel
de visiteurs. A côté du village, on trouve la promenade du Château et la promenade du Pont d'enfer,
sur la rive gauche du Gave, qui se prolonge, par mille
détours sinueux, jusqu'au pont de ce nom. On fait
l'ascension au village de Goust qui domine à pic les
Eaux-Chaudes, à 600 mètres de hauteur ; on y monte
par un sentier en zigzag un peu difficile : cette excursion exige une heure de marche. — Le voyage de

(1) Hôtels de France, des Pyrénées, Baudot, Bussy. Prix du
logement et de la table d'hôte, 5 francs par jour. On peut vivre
encore à bien meilleur marché en ville.

la grotte des Eaux-Chaudes n'est pas plus long et est moins pénible. C'est un des plus jolis qu'on puisse faire : la pente est assez douce et on jouit pendant le trajet des perspectives les plus délicieuses; cette grotte profonde est parcourue, dans toute sa longueur, par un torrent furieux. Le bruit de l'eau, la sombre lueur que la torche de votre guide jette dans les profondeurs mystérieuses de ces voûtes, tout concourt à imprimer à ce tableau un aspect d'une beauté infernale. En sortant de la grotte, le torrent disparaît de nouveau dans les flancs de la montagne, pour aller ressortir plus loin en cascade, au fond de la vallée.

On va encore au village de Gabas où s'arrête la route des Eaux-Chaudes. On franchit la frontière et l'on va visiter, en Espagne, les bains de Penticosa dont nous donnerons plus loin la description, ou bien on fait l'ascension du pic du midi d'Ossau. Ces deux dernières courses ne se font pas sans fatigue et exigent une certaine vigueur : — il est nécessaire de se faire accompagner d'un guide. — Enfin les amateurs de chasse peuvent se donner le plaisir d'aller tirer l'ours ou l'isard dans la montagne.

Les habitants de la contrée sont simples, honnêtes, francs et hospitaliers. La température est extrêmement variable, aux Eaux-Chaudes, il y souffle quelquefois des brises très-fraîches, même pendant les plus grandes chaleurs de l'été. — Il sera donc utile d'être toujours chaudement vêtu.

Sources et établissement. — On compte, aux Eaux-Chaudes, six sources qui jaillissent entre le granit et le marbre, au pied de la montagne qui sépare la vallée des Eaux-Bonnes de celle des Eaux-Chaudes.

Ces six sources sont :

	Tempér.
Le Clôt............................	36°
L'Esquirette. ....;...................	32°
Le Rey............................	34°
Baudot...........................	27°
Larressecq........................	25°
Mainvielle.......................	11°

Les trois premières de ces sources sont reçues dans un des plus beaux établissements des Pyrénées, construction récente due au talent et aux soins de M. François, ingénieur des mines. Cet établissement, bâti sur les bords du Gave, forme un carré au milieu duquel se trouve une cour entourée d'une galerie couverte. Il est flanqué, sur trois côtés, de pavillons demi-circulaires destinés aux trois sources qui fournissent chacune à sept baignoires et à une buvette. Il y a de plus un système de douches complet, un cabinet de vapeur, un chauffoir, et enfin une belle piscine en marbre blanc, qui est alimentée par le trop-plein des sources et qui peut contenir de 20 à 25 personnes. Le bâtiment principal est occupé par un fort beau salon de réunion pour les baigneurs, par des galeries et par des logements pour les employés. — Ces thermes sont la propriété de la commune de Laruns.

Les trois sources des Eaux-Chaudes qui ne sont pas utilisées par l'établissement sont employées uniquement en boisson.

Propriétés physiques et analyse. — Ces eaux sont

limpides, incolores, d'une saveur et d'une odeur
sulfureuses très-prononcées. Elles ternissent l'argenterie et déposent une grande quantité de matières
glaireuses. Par leur température qui, comme on a
pu le voir, se rapproche assez de celle du sang pour
qu'on puisse les administrer en bains, sans les faire
chauffer ou les faire refroidir, elles se trouvent placées dans les meilleures conditions de thérapeutique.
— Elles sont très-abondantes.

Voici, d'après M. Filhol, professeur de chimie à
Toulouse, l'analyse de la source Baudot, qui contient à peu près les mêmes éléments que les autres
sources.

Elle a fourni, pour un litre d'eau :

Sulfure de sodium............	0,0087
Chlorure de sodium...........	0,1150
Sulfate de chaux.............	0,1030
Silicate de chaux............	0,0050
— de magnésie........	Traces.
— d'alumine..........	
Sulfate de soude............	0,0420
Carbonate de soude..........	0,0350
Iode.......................	Traces sensibles.

Propriétés médicales. — Les Eaux-Chaudes produisent sur toute l'économie une certaine excitation
qui détermine de l'insomnie, de l'agitation, l'augmentation des sueurs et des urines, et quelquefois
des éruptions à la peau. D'après M. Izarié, médecin
inspecteur de ces eaux, à qui nous empruntons de
précieux renseignements sur leurs vertus, leur action
se caractérise principalement sur les tempéraments

10.

indolents, lymphatiques, strumeux. Dès les premiers jours du traitement, après quelques bains et quelques verres d'eau, le mouvement reparaît dans ces organisations inertes, et la vie, qui y semblait à peu près éteinte, se ranime, par le surcroît d'activité développé dans toutes les fonctions.

On administre ces eaux avec le plus grand succès contre les rhumatismes chroniques et les névralgies sciatiques, les affections cutanées rebelles et invétérées, les engorgements des articulations par suite d'entorse ou de luxations, les engorgements scrofuleux, la chlorose, l'anaphrodisie, la suppression des menstrues.

Elles sont contre-indiquées dans la pléthore, l'irritabilité de l'organisme, l'état inflammatoire ; dans les affections organiques du cœur et des gros vaisseaux ; dans les cas de dégénérescence squirreuse ; enfin dans toutes les maladies qui peuvent s'aggraver par une excitation trop vive de la circulation ou de la sensibilité.

Chacune de ces sources possède certaines spécialités qu'il est utile de noter.

1° L'eau du *Clôt* est la plus excitante ; il faut l'administrer en boisson avec la plus grande précaution, pour ne pas s'exposer à provoquer des inflammations de l'estomac ou des intestins. Cependant, prise à des doses convenables, elle produit d'excellents effets dans les rhumatismes, dans l'aménorrhée et les affections cutanées. — On la boit à la dose d'un demi-verre à deux verres par jour.

2° L'*Esquirette* est beaucoup moins excitante que

la précédente. On l'emploie avec succès dans les affections nerveuses. Administrée en injections, en douches et en bains, elle produit d'excellents effets dans les fleurs blanches, les engorgements ou les catarrhes de l'utérus. On l'administre à la dose d'un verre à quatre ou cinq verres.

3° Le *Rey*, la source du Roi, jouit d'une efficacité toute spéciale contre les rhumatismes et les engorgements scrofuleux.

4° La source *Baudot* fournit une eau d'une digestion facile; elle est détersive, résolutive et diurétique, à un point plus élevé que les autres sources. Elle jouit, contre les affections de poitrine, d'une spécialité qui peut la faire considérer comme une succédanée des Eaux-Bonnes. — On la boit à la dose d'un à six et même huit verres.

5° *Larressecq* est spéciale dans le traitement des plaies, des ulcères, des engorgements des articulations, des ophthalmies scrofuleuses, enfin des affections externes en général.

6° La source *Mainvielle*, prise avec précaution, produit d'excellents effets dans les gastralgies, les embarras gastriques; et enfin dans toutes les affections chroniques de l'estomac et de l'intestin.

Les Eaux-Chaudes sont peu exportées.

Médecins :　\ IZARIÉ, inspecteur.
　　　　　/ LAFAILLE, adjoint.

Cambo.

Topographie. — Cambo est un joli village du pays
Basque, bâti sur un plateau fertile et pittoresque qui
domine la Nive, à 20 kilomètres de Bayonne, d'où
l'on y arrive par une route facile. Je ne sache pas
dans toutes les Pyrénées de séjour plus calme et plus
tranquille, de paysage plus gracieux et plus riant.
L'air y est vif et pur, le climat tempéré, les habitants
y sont bons, sociables, honnêtes, et les femmes fort
jolies. L'étranger peut y vivre convenablement et à
bon marché. Outre un hôtel fort propre et bien
servi, on peut encore facilement se procurer dans
le village le logement et la nourriture à des prix
très-modérés (2 fr. 50 c., 3 fr. et 4 fr. par jour). —
On y fabrique d'excellent chocolat.

La saison des eaux attire chaque année à Cambo
un certain nombre de malades, et la plupart des
baigneurs qui prennent les bains de mer à Biarritz,
ne manquent pas, avant de rentrer chez eux, d'aller
visiter ces thermes.

Il y a, aux environs de Cambo, de belles prairies,
de frais ombrages au bord de la Nive, des sentiers
solitaires qui invitent à la rêverie et où le baigneur
pourra aller respirer le frais, pendant les heures les
plus chaudes de la journée. Les mœurs, le langage et
le costume des habitants du pays Basque seront pour
lui un intéressant sujet d'observations. Il ira visiter
le *pas de Roland*, à une heure et demie de marche.
C'est une porte taillée dans une muraille naturelle

qui s'élève tout à coup en travers d'une gorge étroite, et empêcherait le passage, si ce guichet ne rétablissait la communication. On ira encore, un jour de marché, voir le bourg d'Hasparren et son église, et on poussera un peu plus loin, jusqu'à la grotte d'Isturitz. Toutes ces courses se font à travers un paysage riche et varié. Enfin, ceux qui ne reculeront pas devant la fatigue d'un voyage de deux jours, iront visiter, au delà de la frontière, l'abbaye de Roncevaux et la vallée où périt Roland. Les pieux moines de l'abbaye leur montreront, moyennant une légère rétribution, les armes plus ou moins authentiques du fier paladin.

Sources et établissement. — Les sources de Cambo sont au nombre de deux ; l'une est sulfureuse et l'autre ferrugineuse : ces deux sources jaillissent à un kilomètre environ du village, dans un site charmant, au bord de la Nive et sont éloignées l'une de l'autre, de 100 mètres environ. On s'y rend, du village, par une belle avenue plantée d'arbres, et elles sont reliées entre elles par une allée. La source sulfureuse est reçue dans un petit établissement demi-circulaire qui contient quatorze baignoires et deux buvettes ; la source ferrugineuse n'est employée qu'en boisson et n'a qu'une buvette.

Source sulfureuse. — Cette source est une sulfureuse accidentelle. Son eau est claire et limpide, d'une saveur et d'une odeur hépatiques peu prononcées ; elle dégage des gaz et dépose de la glairine. Sa température est de 22 à 23° c., ce qui oblige de la chauffer pour les bains.

M. Salaignac a analysé l'eau de cette source, et il a trouvé qu'elle contenait :

	litre.
Azote mêlé de traces d'oxygène	0,170
Acide sulfhydrique	0,004
Acide carbonique	0,002

	gr.
Sulfate de magnésie	0,4960
Sulfate de chaux	0,9300
Chlorure de magnésium	0,1250
Carbonate de magnésie	0,1256
Carbonate de chaux	0,3159
Alumine	0,0160
Oxyde de fer	0,0006
Matière grasse soluble dans l'éther	0,0260
Insoluble	0,0060
Silice	0,0120

Cette eau est peu active et est employée surtout avec succès dans les cas qui réclament un traitement peu excitant, tels que l'éréthisme nerveux, les affections chroniques de l'estomac et des intestins, les maladies des voies respiratoires, et chez les organisations irritables ou délicates. On la prescrit encore contre les maladies de la peau, les vieux ulcères, les engorgements scrofuleux, les rhumatismes chroniques ou même aigus.

Source ferrugineuse. — L'eau de cette source est claire, d'une saveur styptique qui rappelle le goût d'encre. Exposée à l'air, elle se trouble et dépose un sédiment ocracé.

M. Salaignac en a obtenu par l'analyse :

Pour un litre d'eau :

	litre.
Azote mêlé de traces d'oxygène.......	0,0210
Acide carbonique...................	0,0010
Carbonate de fer	0,0500

	gr.
— de chaux	0,0133
Sulfate de chaux..................	0,0200
Chlorure de calcium...............	0,0266
Matières végétales	Traces.
Silice	Traces.

Cette eau produit d'excellents effets dans la chlorose, la suspension ou la non-apparition du flux menstruel, dans les affections des organes génito-urinaires, dans l'anorexie, l'hypochondrie, l'atonie de l'organisme, dans la faiblesse qui accompagne la convalescence des longues maladies, et surtout de celles dont le traitement a exigé d'abondantes saignées. L'air vif et pur, la vie calme et paisible que l'on trouve à Cambo, aident singulièrement au bon effet de ses eaux.

Médecin : DELISSALDE, inspecteur.

————

EAUX SULFUREUSES DU DÉPARTEMENT DES HAUTES-PYRÉNÉES.

Cauterets.

Topographie. — Cauterets est un joli bourg de 200 maisons environ, dans l'arrondissement d'Argelès. Il est situé à 800 kilomètres de Paris, 48 de Tarbes, 69 de Pau et à 933 mètres au-dessus du ni-

veau de la mer. On y arrive de Tarbes (1) par une
route qui parcourt dans toute sa longueur la belle
vallée d'Argelès, jusqu'à Pierrefitte : là, elle s'élève
tout à coup, par une rampe dont les nombreux contours habilement ménagés ont reçu le nom de *Li-
maçon* ; et puis s'engage dans une gorge étroite et
profonde, où elle suit jusqu'à Cauterets les sinuosités
du Gave qui lui dispute le terrain. Rien de plus
intéressant que ce passage. A chaque pas, le voyageur
s'arrête, étonné de la sauvage beauté de ces sites et
de l'abondante végétation qui les couvre, ou de la
hardiesse de la route qui s'attache aux flancs de la
montagne et se suspend à pic sur un torrent qui
mugit sans cesse à ses côtés, à une profondeur ef-
frayante.

Cauterets est situé au fond d'un bassin étroit, entouré de toutes parts de montagnes abruptes et fort
élevées, ce qui resserre singulièrement son horizon
et lui donne un aspect triste et sombre, surtout lorsque les brouillards descendent des montagnes. La
température de l'été y est toujours douce et l'on
n'y est jamais incommodé par de fortes chaleurs.
Les matinées et les soirées sont même habituellement
un peu fraîches ; aussi nous recommandons aux baigneurs de se vêtir chaudement à ces heures. L'abbé

(1) La ville de Tarbes, autrefois la capitale du comté de
Bigorre, et aujourd'hui le chef-lieu du département des Hautes-
Pyrénées, à 750 kilom. de Paris, est située dans une belle
plaine, aux bords de l'Adour. Dans la saison des eaux, on y
trouve tous les jours des départs pour Cauterets, Barèges,
Saint-Sauveur, Bagnères, etc., etc.

de Voisenou écrivait à Favart, de Cauterets, en 1764 :
« J'ai mal dormi, parce que la maison où je loge est
sur un torrent qui fait un bruit affreux ; j'espère que
je m'y accoutumerai. Ce pays-ci ressemble à l'enfer
comme si on y était, excepté pourtant qu'on y meurt
de froid.... On y est écrasé par des montagnes qui
se confondent avec le ciel ; on y voit de la neige sur
la cime, plus bas sont des fumées qui ressemblent à
des fours à plâtre de Belleville, » etc. Ce tableau,
tout chargé et tout grotesque qu'il est, a cependant
quelque chose de ressemblant.

Les maisons de Cauterets sont propres et bien bâ-
ties, la plupart avec le marbre des Pyrénées, et de
construction récente. On y trouve de bons hôtels où
l'on est confortablement logé et nourri (1), des appartements commodes et bien meublés. Cependant,
lorsque les étrangers affluent, les logements deviennent fort chers, et même quelquefois il est difficile
de s'en procurer. La saison des eaux commence
au 1er juin et finit au 15 septembre.

Le bassin de Cauterets est fertile et pittoresque, mais
on regrette de ne pas y trouver, comme aux Eaux-
Bonnes, à Saint-Sauveur, à Luchon, de promenades,
quelques allées, en un mot, un lieu public planté
d'arbres, où l'on pût se voir, se réunir pour faire

(1) Les principaux hôtels sont : l'hôtel de France, des
Princes, du Lion d'or, des Ambassadeurs, d'Europe. Le prix
de la table d'hôte est de 4 fr. par jour. On peut se faire servir à domicile. La chambre coûte de 4 à 6, et quelquefois
10 fr. par jour. On trouve à Cauterets d'excellent gibier et de
bonnes truites des montagnes.

ensemble un tour de promenade, au sortir de son logement. On pourrait cependant tracer à peu de frais, sur la *montagne des Bains*, de jolies allées sinueuses, dans le goût de celles que l'on trouve aux environs des thermes dont nous venons de parler. On créerait ainsi un lieu de promenades agréables pour les baigneurs, et on leur rendrait plus facile l'accès des établissements qui sont placés sur cette côte, et que l'on est obligé d'enlever d'assaut, par un chemin impraticable. Mais, comptant sur la renommée de ses eaux, Cauterets, comme toutes les réputations établies, ne se donne pas la peine de faire des frais pour mériter la faveur du public. Chaque été en effet voit arriver à Cauterets un grand nombre d'étrangers, — quelquefois trois ou quatre mille, — qui y viennent, les uns pour guérir leurs maladies, les autres pour profiter des plaisirs qu'amène la saison des bains. Or, ces plaisirs consistent, outre celui de prendre les eaux, dans les réunions au Cercle où se donnent des bals et des concerts; dans des parties de tir au pistolet, des parties de chasse et des excursions dans les montagnes.

On commence ordinairement par visiter l'abbaye de Saint-Savin d'où l'on a une magnifique vue de toute la vallée d'Argelès : — une après-midi suffit pour cette course.

On va voir le lac de Gaube : c'est une des excursions les plus intéressantes que l'on puisse faire dans ces montagnes. Sur la route se trouvent plusieurs belles cascades, parmi lesquelles on remarquera la cascade de Cerizet qui se précipite dans un gouffre, a cascade du Pont d'Espagne et le pont si hardiment jeté sur le Mercadeau ; enfin, le lac qui domine de toute sa hauteur le Vignemale, forme un des tableaux les plus grandioses et les plus saisissants que puisse offrir la nature. Cette promenade se fait en 5 heures, à cheval. — On va faire une promenade à la *grange de la reine Hortense*. — On fait l'ascension du lac d'Estom, du Monné ou du Vignemale. Mais, de toutes ces excursions, la plus belle et la plus intéressante, celle qu'on peut le moins se dispenser de faire, c'est la visite au cirque du Marboré à la brèche de Roland, enfin à la cascade de Gavarnie qui jette au vent ses gerbes flottantes, semblables à la crinière d'un gigantesque coursier. La hauteur de cette cascade est de 400 mètres. Pour faire cette promenade, on va, en voiture, à Luz ; là, on trouve d'excellents chevaux, au pied sûr, à l'allure infatigable, qui vous porteront à Gavarnie et vous ramèneront le même jour coucher à Luz. Cette route, du reste, n'est ni difficile ni périlleuse, mais elle est un peu longue (24 kilomètres). Enfin le voyage des bains de Penticosa, en Espagne, est plein d'intérêt. En remontant le Mercadeau, on arrive en 8 heures à Penticosa ; le second jour, on va coucher aux Eaux-Bonnes, par le port d'Aneau, et enfin, le troisième jour, on rentre à Cauterets, par le col de Torte.

Les amateurs de chasse organisent des parties et vont, sous la conduite d'un guide expérimenté, faire la guerre aux ours, aux loups et aux isards. Mais dans ces expéditions, on passe les nuits dans les montagnes, exposé au vent, au froid et aux brouillards : on comprend donc qu'un pareil exercice serait peu favorable aux personnes qui viennent à Cauterets pour guérir des rhumatismes ou des catarrhes; aussi leur conseillons-nous de s'en abstenir prudemment.

Sources et établissement.—Il y a, à Cauterets, quatorze sources d'eau minérale qui se divisent naturellement en deux groupes distincts : le groupe de l'Est et le groupe du Sud.

Le groupe de l'Est comprend :

	Température.
1º César-Vieux.....................	48º
2º César-Neuf......................	49º
3º Espagnols (à la buvette)..........	45º
4º Bruzaud........................	37º
5º Pauze-Vieux	44º
6º Pauze-Neuf	46º
7º Rieumiset	»

Le groupe du Sud comprend :

8º La Raillère.	40º
9º Le Petit Saint-Sauveur...........	30º
10º Le Pré	48º
11º Mahourat......	49º
12º Le Bois	44º
13º La source des OEufs.............	55º
14º La source des Yeux.............	»

Ces deux dernières sources ne sont pas usitées.

Les sources de César-Vieux et de Mahourat ne sont employées qu'en boisson, les autres alimentent neuf établissements comprenant ensemble cent trente baignoires, quatorze douches et deux piscines.

Toutes ces sources sortent du granit ; elles sont

thermales à des degrés différents, comme nous venons de le voir, mais à peu près invariables pour chacune d'elles ; elles sont toutes sulfureuses. Riches en matières organiques et en silice, elles contiennent au contraire peu de chlorure de sodium. Quelques-unes subissent des décompositions considérables, avant d'arriver sur les lieux d'emploi. M. Filhol fait observer à ce sujet que cette décomposition dépend probablement moins de la nature de ces eaux que de la manière dont elles sont conduites. Je suis convaincu, dit-il, que le jour où l'on voudra ne leur faire parcourir que des tuyaux dont elles remplissent complétement la capacité, ces eaux arriveront beaucoup mieux conservées. Enfin la nature de leurs ingrédients chimiques diffère peu, quoique leur action médicale soit très-variée.

Nous donnons ici, comme type, l'analyse de l'eau de la Raillère qui a été faite par M. Longchamp. Cette eau a fourni, pour un litre :

	litre.
Azote......................	0,004

	gr.
Sulfure de sodium.................	0,019400
Sulfate de soude	0,044347
Chlorure de sodium...............	0,049576
Silice........................	0,061097
Chaux........................	0,004487
Magnésie......................	0,000445
Soude caustique................	0,003396
Barégine......................	⎫
Potasse caustique...............	⎬ Traces.
Ammoniaque...................	⎭

Sources et établissement de César et des Espagnols.
— Les sources de *César* et des *Espagnols* sont des
plus importantes de la vallée de Cauterets, soit par
leur température et les proportions de leurs principes minéraux, soit par l'étendue de leurs propriétés
médicales. Cependant, il y a peu d'années encore,
ces eaux n'étaient presque pas usitées, parce que les
établissements étaient petits, incommodes, mal tenus
et situés à pic, à une très-grande hauteur. M. Orfila
conseilla de réunir ces deux sources, qui appartiennent à la commune de Saint-Savin, de les faire descendre au pied de la montagne et de construire, dans
le bourg de Cauterets, un vaste établissement où les
malades pussent se rendre sans fatigue et sans danger. Ce conseil a été suivi, et, depuis, Cauterets possède dans son sein un des établissements les plus
complets des Pyrénées ; d'autant plus important qu'il
est le seul, avec le petit établissement de Bruzaud,
qui se trouve dans le bourg ; tandis que tous les autres
sont situés à une assez grande distance.

L'établissement de César et des Espagnols réunis
est bâti sur une petite place, à 135 mètres au-dessous
de la source. C'est un vaste et bel édifice, dans le
goût des temples antiques, quoique d'une architecture un peu lourde. Il est orné d'une colonnade et d'un
large péristyle sur le devant ; l'intérieur est éclairé par
un dôme vitré ; le centre et les côtés sont occupés
par les cabinets, et tout autour règne une large galerie qui sert de salle d'attente pour les baigneurs. Cet
établissement contient vingt cabinets de bains fort
propres et fort commodes, avec des baignoires en

marbre dans lesquelles l'eau entre par le fond, disposition très-avantageuse, en ce qu'elle empêche l'évaporation des gaz ; quatre cabinets de douches, où se trouvent les appareils et les ajutages nécessaires pour administrer toutes les variétés de douches : douche parabolique, douche perpendiculaire, douche écossaise, etc.; deux buvettes, deux chauffoirs, un cabinet de consultations, etc. Il est divisé en deux parties égales : le côté droit, en entrant, est alimenté par la source des Espagnols; le côté gauche, par celle de César.

Les deux sources sont à peu près semblables par leurs propriétés physiques : ainsi, de part et d'autre, l'eau est limpide, ne louchissant pas au contact de l'air; elle répand une odeur d'œufs durcis; sa saveur est sulfureuse, saline, un peu piquante; elle dépose une grande quantité de glairine. Cependant, l'eau des Espagnols est plus douce et plus onctueuse au toucher que celle de César. La température de César est de 49° c. à la source, tandis qu'à la buvette elle n'est que de 44; elle perd donc 5 degrés dans le trajet. L'eau des Espagnols est de 45° c. à la buvette, 1 degré de plus que César.

Bruzaud. — L'établissement de *Bruzaud* est, comme celui de *César et des Espagnols*, situé dans le bourg de Cauterets, tandis que sa source se trouve bien au-dessus, dans la montagne. Il se compose de douze cabinets de bains, d'une douche descendante et d'une douche ascendante, d'une buvette peu fréquentée, d'un chauffoir.—Au-devant se trouvent un petit jardin et une galerie où les baigneurs attendent leur tour.

L'eau de Bruzaud est limpide, incolore, d'une saveur piquante et désagréable ; quoique déposant beaucoup de glairine, elle est cependant âpre et rude au toucher ; sa température est de 37° c. à la buvette. M. Orfila prétend que cette eau ne contient pas un atome de sulfure de sodium, et que c'est une sulfureuse *dégénérée*. M. Longchamp, au contraire, a trouvé, sur un litre d'eau, 0,0385 de cette substance.

Rieumiset. — Le petit établissement de *Rieumiset*, construction simple et élégante, situé non loin des murs de Cauterets, sur le penchant de la montagne, se compose de dix cabinets de bains et d'une buvette peu fréquentée. Pas de douche. Son eau est claire, douce, onctueuse au toucher et moins saline que les autres. Elle ne contient pas de traces de sulfure de sodium, selon M. Orfila; ce qui en fait encore une sulfureuse *dégénérée*. Les autres principes minéraux y sont en moins grande quantité que dans les autres sources.

Pauze-Vieux. — Dix cabinets de bains, une douche, une buvette.

Pauze-Neuf. — Neuf baignoires, une buvette et un système de douches des plus complets. L'eau de Pauze est limpide, onctueuse, d'une odeur sulfureuse, d'une saveur désagréable.

Les deux établissements de Pauze, distants l'un de l'autre de quelques pas seulement, sont situés sur la montagne des *Bains*, à 150 mètres au-dessus du bourg de Cauterets. Malgré cette grande élévation, ils n'en sont pas moins très-fréquentés.

La route qui se dirige au sud de Cauterets, en remontant le Gave, conduit aux autres sources. En suivant cette route, on rencontre d'abord, à 1 kilomètre de Cauterets :

L'*établissement de la Raillère.* — Quoique moins nouveau que celui de *César*, cet établissement est pourtant de construction récente. C'est le plus fréquenté de Cauterets, et sa source est une des plus renommées des Pyrénées. Il est bâti sur une vaste terrasse, avec un péristyle en marbre. Il contient vingt-trois cabinets de bains, une douche et une buvette extrêmement fréquentée. D'après de nouveaux plans, on se propose de lui faire subir encore d'importantes modifications. Cette source fournit 93 mètres cubes, dans les vingt-quatre heures. Son eau est claire, limpide, onctueuse ; elle répand une forte odeur sulfureuse ; sa saveur est nauséabonde : elle dépose une grande quantité de matières glaireuses. L'eau de la Raillère et celle de César-Vieux sont celles qui se conservent le mieux ; c'est pour cela qu'on les choisit de préférence pour l'exportation.

La route qui conduit à la Raillère est large et belle, et on peut facilement y aller en voiture. Depuis quelque temps, on a même créé, pendant la saison des bains, un service régulier d'omnibus qui remplace les chaises à porteurs, et qui fait sans cesse le trajet entre le bourg de Cauterets et la Raillère ;

mais au delà la route n'est plus carrossable ; de sorte qu'on ne peut arriver aux autres établissements qu'à pied, à cheval ou en chaise à porteurs. Après la Raillère on trouve :

Le *Petit Saint-Sauveur*. — Dix cabinets, dont quatre à deux baignoires ; pas de douche, pas de buvette.

Un peu plus loin, le *Pré*, établissement ancien ; source très-abondante. — Dix-huit cabinets, deux douches, une buvette peu fréquentée.

Puis vient *Mahourat* (en langue du pays, mauvais trou), source abondante qui coule au fond d'une grotte de quatre mètres de profondeur. Il n'y a pas d'établissement, mais elle est très-usitée en boisson, malgré son éloignement et son élévation (169 mètres au-dessus du niveau de Cauterets). Cette eau est claire, limpide, peu onctueuse ; son odeur est très-sulfureuse ; sa saveur est saline et désagréable. Elle est légère et d'une digestion très-facile, ce qui semble dû à la petite quantité de glairine qu'elle contient.

A quelques pas de là, la source des *OEufs* coule dans le Gave.

Enfin l'établissement du *Bois* est le plus éloigné de tous. Il est à 2 kilomètres 50 mètres de Cauterets, et à 211 mètres au-dessus de son niveau. — Construction récente, gracieuse et pittoresque, il se compose de quatre cabinets de bains, pourvus chacun d'une douche, et de deux piscines en marbre, pouvant contenir chacune six personnes; il y a même des lits où les malades peuvent se coucher après le bain ; le tout, propre, commode et bien tenu ; il est alimenté par deux sources, ou plutôt par une source qui jaillit par deux griffons, l'un à 32° c., l'autre à 44, qu'on mêle ou qu'on donne séparément (1).

Propriétés médicales des eaux de Cauterets. — Il suffit de jeter un coup d'œil sur le grand nombre des sources de Cauterets, sur la variété de leur température et de leurs propriétés physiques, pour juger de l'étendue des ressources médicales qu'elles peuvent offrir et qui leur ont valu la grande vogue dont elles jouissent à si juste titre. En effet, ces eaux remplissent à peu près, dans leur ensemble, toutes les indications des sulfureuses thermales ; et elles offrent chacune des spécialités plus particulières qu'il est bon de noter. Ainsi, par exemple, les sources de *César* et des *Espagnols* sont employées de la manière la plus avantageuse dans les affections rhumatismales ou arthritiques chroniques, à la suite des fractures ou des luxations, dans les paralysies, dans les affections cutanées, dans certains cas de syphilis dégénérée, compliqués d'ulcères ou de douleurs ostéocopes ; enfin, dans les affections strumeuses.—Les eaux de *Pauze* remplissent à peu près les mêmes indications que les précédentes. — La source de la *Raillère* est surtout efficace dans les maladies de poitrine, telles que catarrhes bronchiques, phthisies commençantes, hémoptysies, névroses pulmonaires. Pour tous ces cas, elle est la

(1) On a encore découvert récemment, à Cauterets, des sources salines thermales qui vont être utilisées et qui seront assez abondantes pour alimenter des bains à courant continu.

rivale des Eaux-Bonnes, et, moins stimulante que ces
dernières, elle peut être employée avec plus de confiance. On l'administre aussi pour fortifier les constitutions débiles et stimuler les tempéraments
épuisés ; dans ces derniers cas, on doit en user avec
les plus grands ménagements ; enfin on la prescrit
avec succès dans les gastralgies sans irritation marquée, mais, comme dans ces derniers cas la digestion en est quelquefois difficile, on fait concourir
souvent les bains de la *Raillère* avec l'eau de
Mahourat prise en boisson.

Nous qui avons éprouvé les salutaires effets de
cette dernière source, dans une maladie de ce
genre, nous pouvons témoigner combien son action
est prompte et merveilleuse, et lui payer un juste
tribut de reconnaissance. — Au *Petit Saint-Sauveur*
appartient la spécialité des affections nerveuses, des
maladies de l'utérus, et généralement des affections
particulières aux femmes.

Les eaux du *Bois* et du *Pré* sont affectées aux
douleurs rhumatismales ou goutteuses et aux maladies de la peau. — L'eau de *Bruzaud* est utilisée
pour dissiper les engorgements du foie ou de la
rate ; les affections chroniques de l'utérus ou de la
vessie, les hémorrhoïdes, etc.; prise en boisson, cette
eau est légèrement purgative. — Enfin, la source
de *Rieumiset*, douce, bénigne et peu active, est
employée pour calmer l'irritation produite par les
autres sources.

« Mais ce qu'il est important de signaler aux
« baigneurs, dit M. Orfila, c'est que les eaux de

« Cauterets ne sauraient être prises indistinctement,
« sans inconvénient, à toutes les sources ni à toutes
« les doses ; que, dans certains cas, l'usage des
« bains entiers peut être nuisible, tandis qu'on serait
« soulagé par des demi-bains ; que la température
« de l'eau doit être plus basse ou plus élevée, sui-
« vant les maladies et les tempéraments ; et qu'il est
« difficile de comprendre, d'après cela, comment
« des malades dirigent eux-mêmes leur traitement,
« sans consulter un homme de l'art. »

Pour que la station de Cauterets soit à la hauteur des principaux thermes des Pyrénées et puisse
jouir de tous les avantages que comportent ses eaux,
il lui manque un bassin de natation, des étuves et
des salons d'inhalation.

Médecins :
- Buron, inspecteur.
- Cardinal, adjoint.
- Dupré.
- Ch. de Bordeu.
- Camus.
- Dozous.
- Daudirac.

Saint-Sauveur.

Histoire et topographie. — On raconte qu'un
évêque de Tarbes, exilé à Luz, fit bâtir auprès d'une
source thermale, au milieu du plus beau paysage
que la nature se soit plu à former, une chapelle
portant pour inscription : *Vos haurietis aquas è
fontibus Salvatoris,* et que ce fut là l'origine du village
et du nom de Saint-Sauveur.

Ce village est situé dans la vallée de Luz, à 2 kil.
de cette petite ville, où conduit une belle avenue
plantée de peupliers ; à 808 kil. de Paris, 161 de
Toulouse, 52 de Tarbes, et à 760 mètres au-dessus
du niveau de la mer. Il n'a qu'une seule rue formée
de 25 à 30 maisons, les unes adossées à la montagne
d'où jaillit la source, les autres bordant un préci-
pice de 90 mètres, au fond duquel roule le gave de
Gavarnie. Au milieu de cette rue, du côté du gave,
se trouve l'établissement ; et, à l'extrémité, du même
côté, est une rotonde élégante ; c'est la chapelle.
On arrive de Tarbes à Saint-Sauveur par une route
qui, à Pierrefitte, se bifurque avec celle de Cauterets et qui ne le cède en rien à cette dernière,
tant par les efforts de l'art que par la sauvage
beauté de la nature. De Pierrefitte à Luz, cette route
est la même que celle de Barèges ; elle est taillée
dans les flancs d'une montagne à pic comme une
muraille, et s'avance ainsi, suspendue au-dessus du
gave mugissant qu'elle traverse par sept ponts, de
telle sorte que la route et le torrent se roulent et se tor-
dent ensemble, comme deux gigantesques serpents.
On trouve, à Saint-Sauveur, des appartements commodes et bien meublés, à des prix beaucoup moins
élevés qu'à Cauterets ou à Bonnes. Il y a deux
bons hôtels (de France et de la Paix), avec table
d'hôte parfaitement servie. Les personnes qui ne
redouteraient pas de faire un trajet de 2 kil., le long
d'une belle avenue, pour aller prendre leur bain,
trouveront aussi à se loger à Luz, soit en ville, soit
à l'hôtel de Londres ou à celui des Pyrénées ; cet

exercice de chaque jour pourra favoriser du reste le bon effet des eaux.

Les promenades sont : le jardin anglais qui descend au-dessous de l'établissement, jusqu'au niveau du gave de Gavarnie ; le *Rocher de Saint-Pierre* qui domine toute cette magnifique vallée. On va visiter l'église de Luz, construction gothique qui a appartenu aux Templiers ; les ruines pittoresques du château de Sainte-Marie ; et l'on va boire à la fontaine de *Viscos* ou de *Hontalade*.

Lorsqu'on veut pousser plus loin ses excursions et connaître les montagnes, on fait l'ascension du pic de Bergous, qui domine la plaine de Luz, et au sommet duquel on peut arriver à cheval. On va visiter la cascade de Gavarnie et le cirque du Marboré, le cirque de Tremouse. Les plus hardis tentent l'ascension de la brèche de Roland, du mont Perdu ou du Vignemale ; ces dernières excursions ne se font pas sans péril. Enfin on va visiter, en voiture, les thermes de Cauterets ou de Barèges ; voyages qui peuvent se faire, l'un ou l'autre, dans une après-midi.

Les environs offrent des trésors inépuisables pour le botaniste, pour le minéralogiste, pour le dessinateur et pour le poëte.

Source et établissement. — La source de Saint-Sauveur est unique ; elle jaillit cependant par plusieurs griffons qui portent différents noms : la *Châtaigneraie*, la *Chapelle*, *Bezega*, la *Terrasse;* cette source débite 144 mètres cubes d'eau en 24 heures et elle alimente un établissement fort élégant, consistant en une galerie soutenue par des colonnes de marbre, et formant les trois côtés d'une cour dont le quatrième donne sur le gave et sur un paysage magnifique. Cet établissement renferme seize baignoires en marbre, une buvette, une douche ascendante et une douche descendante.

L'eau de Saint-Sauveur est claire, limpide, très-onctueuse au toucher; elle exhale une odeur d'hydrogène sulfuré très-prononcée ; elle est épaisse, saline et désagréable au goût. Lorsqu'on la regarde au travers d'un verre, on aperçoit un dégagement de gaz d'autant plus considérable qu'on l'a puisée plus près de la source : au griffon, ce dégagement va presque jusqu'à l'effervescence. Température, 35°.

L'eau de Saint-Sauveur est assez généralement exportée.

Le résultat de l'analyse chimique faite par Longchamp a fourni :

Pour un litre d'eau :

	litre.
Azote......................................	0,004

	gr.
Sulfure de sodium.................	0,025360
Sulfate de soude...................	0,038680
Chlorure de sodium................	0,073598
Silice.............................	0,050710
Chaux..............................	0,001847
Magnésie...........................	0,000242
Soude caustique....................	0,005201
Potasse caustique................. }	
Barégine........................... }	Traces.
Ammoniaque......................... }	

| | 0,195,638 |

Propriétés médicales. — Les eaux de Saint-Sauveur, étant faiblement thermales et peu chargées de principes sulfureux, sont naturellement douces et peu actives : aussi conviennent-elles surtout aux femmes, aux enfants, aux constitutions faibles ou délicates et irritables, aux tempéraments épuisés par de longues maladies, enfin à tous ceux qui ne pourraient supporter une médication trop énergique. Elles sont surtout fréquentées par les personnes dont le système nerveux est surexcité d'une manière anormale, celles qui sont atteintes de névroses, d'affections spasmodiques; celles qui sont sujettes aux vapeurs, aux migraines, à la mélancolie. Elles sont très-favorables aux personnes qui sont fatiguées par le séjour des grandes villes, par le travail de cabinet, par une trop grande contention d'esprit ou par l'ébranlement général qu'occasionnent les passions violentes. — On les emploie avec le plus grand succès dans la chlorose, l'hystérie, la danse de Saint-Guy, et nous pourrions citer des guérisons presque merveilleuses, produites dans des cas de ce genre. — Elles réussissent très-bien dans les phthisies commençantes, les laryngites ou les bronchites chroniques, dans les gastrodynies, les engorgements du bas-ventre; enfin dans la gravelle, les affections calculeuses, et en général dans les maladies de l'appareil génito-urinaire.

« Les femmes surtout, dit M. Fabas, chez lesquelles le trouble des fonctions de l'appareil génital est si fréquemment la cause déterminante de désordres dans le reste de l'économie, nous offrent,

chaque saison, grand nombre d'observations qui
prouvent cette influence particulière des eaux qui
nous occupent. On voit souvent chez elles des affections jugées par des crises survenues du côté de
cet appareil.....

La chlorose en général, et surtout celle qui est occasionnée par la non-apparition ou la suppression
des menstrues, cède souvent à l'action de l'eau de
Saint-Sauveur, à l'extérieur, jointe à l'eau ferrugineuse de Viscos, pour boisson (1). »

Les eaux de Saint-Sauveur sont pesantes à l'estomac et de difficile digestion, à cause de la grande
quantité de glairine qu'elles contiennent. Cependant,
comme l'expérience a prouvé qu'elles jouissaient,
en boisson, d'une grande efficacité; dans certains
cas, on en fait usage sous cette forme, en y appor-
tant cependant quelques ménagements. Ainsi on
commence par un demi-verre, et on la coupe, le plus
souvent, avec du lait, de l'orgeat, de la décoction
de chiendent, du sirop de gomme. On associe aussi
quelquefois les bains de Saint-Sauveur avec l'eau
de Bonnes, prise en boisson.

La saison des eaux commence, à Saint-Sauveur,
au 1er juin et finit au 15 septembre.

Médecins : { FABAS père, inspecteur.
FABAS fils.
DRUÈNE-FLAMAND.
CAZEVIEILLE.

(1) *Aperçu sur les propriétés de la source thermale sulfureuse de Saint-Sauveur*, par A. FABAS. Paris, 1845.

Barèges.

Histoire et topographie. — Le village de Barèges, dépendant de la commune de Betpoey, est situé au fond d'une vallée étroite et profonde, dans un pays sauvage, sur la rive gauche d'un torrent furieux qu'on appelle le Bastan. Il est à 831 kil. de Paris, 270 de Bordeaux, 205 de Toulouse, 57 de Tarbes, et à 1,244 mètres au-dessus du niveau de la mer. C'est la station thermale la plus élevée des Pyrénées.

Barèges était, il n'y a pas encore deux siècles, un lieu obscur et ignoré, fréquenté seulement par quelques paysans des environs, qui venaient chercher dans ses eaux la guérison de leurs souffrances ; lorsque, en 1675, un enfant bâtard de Louis XIV, le jeune duc du Maine y fut conduit par sa gouvernante, madame de Maintenon, d'après l'avis des médecins : c'est ainsi que fut fondée la renommée de ces eaux.

Aujourd'hui ce village consiste en une seule rue assez large mais fort inclinée, que forment deux rangées de maisons en pierre, dans l'intervalle desquelles on construit, en mai, des baraques de bois que l'on enlève à la fin de septembre ; il est dominé par des montagnes abruptes et arides du haut desquelles descendent, l'hiver, des avalanches qui menacent de l'engloutir ; et il est rare qu'une année s'écoule sans qu'il y ait quelque toiture d'enfoncée ou quelque pan de mur de renversé.

L'administration de la guerre a établi, depuis longtemps, à Barèges, un hôpital militaire où 300 à

400 malades, officiers ou soldats, vont, chaque année, prendre les eaux et guérir les infirmités qu'ils ont contractées au service de l'État ; ce qui, joint aux baigneurs civils qui visitent ces eaux, forme, dans le fort de la saison, une population qui s'élève jusqu'à 12 ou 14 mille, tous plus ou moins malades. On ne vient pas à Barèges pour ses plaisirs.

On trouve là des appartements meublés, sinon avec luxe, du moins avec propreté et d'une manière commode. Il y a des hôtels bien tenus et assez bien servis (1), de bonnes tables d'hôte, des restaurants, des cafés, des concerts dans l'occasion, des bals pour les malades qui ne sont pas trop écloppés, un cercle où l'on va faire une partie de jeu et lire le journal ; enfin, tout ce qui peut aider à passer le temps en société, dans un pays où la nature offre si peu de charmes.

Aussi, autant la vie est calme et paisible à Saint-Sauveur, autant elle est bruyante et agitée à Barèges, on retrouve là le sans-façon et l'entrain, quelquefois un peu bruyant, de la vie de garnison. On entend à chaque pas, dans la rue, le cliquetis des éperons ou le bruit des sabres traînant sur le pavé ; le soir, les tambours battent la retraite, et le matin on est éveillé aux sons de la diane.

Sur le penchant du pic d'Ayré, qui domine Barèges du côté du sud, on trouve, comme une oasis

---

(1) Hôtels de l'Europe, de France, de la Paix. Le prix des chambres varie de 1 fr. 50 c. à 3 fr. Celui de la table d'hôte est de 4 fr. par jour, déjeuner et dîner. On sert à domicile.

au milieu de ce désert de montagnes, une espèce de
jardin anglais, des allées aux mille contours dont
la pente est habilement ménagée et où l'on rencontre
les accidents les plus imprévus et les sites les plus
romantiques : des siéges sont placés de distance en
distance, pour le repos des malades, et au bout se
trouve un large banquette de gazon appelée *le Sopha*.
L'Héritage à Colas, placé un peu plus loin, sur le
penchant de la même montagne, offre un beau coup
d'œil sur la vallée du Bastan, et jusque dans la plaine
de Luz. Quand on est un peu ingambe, on fait l'ascension du pic d'Ayré ou du pic d'Asblancs qui
dominent tous deux la vallée de Barèges ; ou bien
encore du glacier éternel de Neouvieille. On va
visiter le lac Bleu, le lac d'Escoubous ; enfin, on
fait l'ascension du pic du midi de Bigorre, on
franchit le Tourmalet et on va jusqu'à Bagnères, par
Gripp et la vallée de Campan : ces deux dernières
excursions, qui sont sans contredit les plus belles,
sont aussi les plus usitées. On peut encore faire
toutes les courses que nous avons indiquées à propos
de Saint-Sauveur, en tenant compte, pour les distances, des 7 kil. qui séparent Barèges de ces thermes.

La saison des bains commence, à Barèges, au
1er juin et finit au 15 septembre ; à cette époque, le
froid, la neige et les dangers de la position en
chassent la plupart des habitants, qui s'en vont dans
les vallées voisines chercher un climat plus doux,
et il n'y reste que quelques pasteurs des montagnes,
préposés à la garde des bains et des établissements.

Sources et établissement. — On compte, à Barèges,

neuf sources d'eau minérale thermale qui sortent
d'un calcaire saccharoïde feuilleté, à travers les cas-
sures duquel elles s'échappent : ou plutôt, nous
pensons que toutes ces sources, excepté peut-être
celle de Barzun, ne sont autre chose que les orifices
divers par où jaillit l'eau contenue dans un même
réservoir naturel. Ces sources sont :

	Température.
1º Le Tambour......................	44º
2º L'Entrée......................	39º
3º Polard......................	37º
4º Le Fond......................	36º
5º Bain neuf......................	37º
6º Dassieu......................	34º
7º Genecy......................	33º
8º La Chapelle......................	31º
9º Barzun......................	30º

Les huit premières de ces sources entretiennent un
établissement situé au centre du village, lequel se compose de seize baignoires, deux douches, une buvette
et trois piscines, pouvant contenir chacune de vingt
à vingt-cinq personnes, et destinées ; l'une aux civils,
l'autre aux militaires et la troisième aux indigents. Cet
établissement qui date de plus d'un siècle est dans
un état de vétusté et d'imperfection telles, qu'il ne
lui est plus possible de suffire aux besoins du service médical de ses visiteurs. Ainsi, pendant le fort
de la saison, quoique le service ne soit jamais suspendu et continue toute la nuit, il arrive cependant
que l'on ne peut donner des bains à tous les malades
et que quelques-uns sont obligés d'attendre plusieurs
jours, avant de voir arriver leur tour.—Le moment

est enfin venu où cet état de choses va cesser. Les plans sont déjà faits, les travaux des nouvelles piscines sont commencés, et le nom de l'ingénieur, M. François, qui a déjà fait ses preuves à Luchon, à Ussat et ailleurs, nous promet un édifice thermal digne de la réputation des sources de Barèges et de la grande affluence de malades qui les visitent.

La neuvième source, propriété de M. Barzun, pharmacien à Barèges, qui lui a donné son nom, est utilisée dans un établissement commode et neuf, placé à 500 mètres en aval de Barèges, dans lequel on trouve neuf cabinets de bains, une douche descendante, une douche ascendante et une buvette très-fréquentée.

Les eaux des différentes sources de Barèges diffèrent peu, tant par leurs propriétés physiques que par leur composition chimique : elles sont claires, limpides, onctueuses et grasses au toucher ; elles répandent une odeur d'œufs couvis très-prononcée ; leur saveur est fade, nauséabonde, avec un arrière-goût amer ; elles déposent une grande quantité de matières pseudo-organiques glaireuses auxquelles elles ont fait donner le nom de *barégine*, et que l'on retrouve, en plus ou moins grande abondance, dans la plupart des autres sources sulfureuses où on les appelle aussi *glairine ;* enfin elles dégagent beaucoup de gaz azote ; ces eaux résistent assez au voyage sans subir d'altération considérable ; aussi sont-elles très-exportées.

M. Longchamp a analysé l'eau de la buvette qui lui a donné :

	litre.
Azote......................................	0,004

	gr.
Sulfure de sodium.	0,042100
Sulfate de soude...................	0,050042
Chlorure de sodium...............	0,040050
Silice.....	0,067826
Chaux.........	0,002902
Magnésie.......................	0,000344
Soude caustique.	0,005100
Potasse caustique...............	
Ammoniaque....................	Traces.
Barégine.	
	0,208364

Propriétés médicales.—Les eaux de Barèges occupent à juste titre un des premiers rangs parmi les eaux sulfureuses, et les nombreuses guérisons qu'elles ont opérées leur ont valu une réputation européenne. Cependant ces sources se ressemblent toutes, excepté celle de Barzun, autant par leurs vertus curatives que par leurs caractères physiques, ce qui fait que l'on manque à Barèges de cette grande variété de ressources thérapeutiques que l'on possède dans quelques autres stations thermales, à Cauterets ou à Luchon, par exemple. Ces eaux sont toniques et excitantes au suprême degré ; aussi est-il important d'apporter les plus grandes précautions dans leur usage, car leur application inconsidérée pourrait être suivie des plus graves désordres. Les malades ne devront donc pas s'y livrer sans avoir préalablement pris les conseils d'un homme de l'art. — Elles produisent sur

l'individu sain une stimulation générale qui se révèle par l'accélération du pouls, la chaleur à la peau,
la transpiration, et quelquefois des éruptions. — Il
survient de l'insomnie, de l'agitation, de la céphalalgie, etc.; elles activent la digestion, augmentent les
sécrétions et stimulent toutes les fonctions de l'économie.

Leur action dans les maladies est toujours d'autant plus efficace qu'on agit sur des affections plus
anciennes ; et, si on en fait usage à une époque
trop rapprochée de l'état aigu, elles exaspèrent souvent le mal au lieu de le guérir, et produisent des
effets tels que l'on est obligé de renoncer à leur
usage. Dans tous les cas, elles provoquent des accès
fébriles, déplacent des douleurs anciennes, rouvrent
des cicatrices déjà fermées, ou agrandissent les
plaies avant de les cicatriser.

Elles sont spécialement employées dans les accidents occasionnés par les plaies d'armes à feu ; alors
elles provoquent la sortie des corps étrangers logés
dans les tissus, tels que des balles, des fragments
d'habits ou des esquilles d'os ; elles détergent les
plaies, hâtent leur cicatrisation et raffermissent les
cicatrices nouvelles. Elles sont employées aussi avec
le plus grand succès dans les nombreuses variétés
de dartres et dans toutes les affections cutanées qui
ne sont pas accompagnées de fièvre ou d'inflammation, dans les ulcères atoniques, variqueux, invétérés
ou récents. Les maladies des os, caries, nécroses,
exostoses, douleurs ostéocopes, se trouvent bien de
leur usage. Elles favorisent la formation du cal, dans

les fractures, résolvent les engorgements articulaires, à la suite des luxations ou des entorses, diminuent la roideur et détruisent les fausses ankyloses. Elles ont produit des effets si avantageux dans le traitement des affections syphilitiques et de leurs accidents consécutifs, qu'on a cru, pendant quelque temps, qu'elles pourraient remplacer complétement les préparations mercurielles. On les a employées aussi contre les désordres occasionnés par l'abus de ce médicament. Les rhumatismes chroniques, les engorgements hémorrhoïdaux, les cachexies, le marasme sont combattus avec succès par ces eaux. Bordeu les a rendues célèbres dans le traitement des scrofules, en leur associant les frictions mercurielles. Enfin, elles exercent une action moins favorable, quelquefois même nuisible, dans la goutte, la gravelle, l'asthme, la paralysie, les embarras gastriques, l'hystérie, la chlorose, la leucorrhée.

Il serait dangereux de prescrire les eaux de Baréges dans les anévrysmes, dans les palpitations qui dépendent de maladies organiques du cœur, dans les épanchéments cérébraux, dans la phthisie pulmonaire. Les sujets pléthoriques, les constitutions faibles, au système nerveux irritable, devront s'en abstenir.

Les eaux de Baréges sont administrées en boisson, en bains, en douches, en lotions. On doit apporter les plus grandes précautions dans leur usage : ainsi on coupe la boisson avec du lait, de l'eau d'orge, etc., on commence par un demi-verre et on va jusqu'à deux verres, trois au plus. Pour les bains, on passe successivement des plus tempérés aux plus chauds.

On prétend, et nous le croyons sans peine, que les malades qui se baignent dans les piscines, guérissent mieux que ceux qui se baignent dans les baignoires particulières. — Nous avons été frappé, en entrant dans les galeries de ces piscines, de la haute température qui y règne et de la transpiration qu'elle provoque ; et nous croyons que le séjour dans cette atmosphère pourrait être avantageusement prescrit, dans certains cas, aux malades qui ne peuvent supporter les bains ou à ceux qui ont besoin de transpirer.

Quoique l'eau de la source de Barzun ressemble beaucoup, par ses qualités physiques, aux sources du grand établissement de Baréges, elle en diffère cependant essentiellement par ses propriétés médicales, et cette différence est d'autant plus précieuse qu'elle rompt cette uniformité que présentent ces eaux et augmente les ressources thérapeutiques de la localité ; ainsi elle convient essentiellement dans le catarrhe bronchique, la laryngite chronique, la phthisie commençante et dans toutes les affections des organes respiratoires : dans ces cas, on l'emploie avec autant de succès que l'eau de Bonnes ou de la Raillère. Elle est encore très-favorable dans les névroses de l'estomac ou des intestins, dans la gastrite chronique, l'engorgement du foie, et, malgré sa forte sulfuration, les malades la digèrent avec beaucoup de facilité. — Enfin, elle est très-favorable dans la gravelle, le catarrhe vésical, l'en-

gorgement prostatique ; dans les affections spasmodiques, l'hystérie, la danse de Saint-Guy, ainsi que
dans la chlorose, les maladies de l'utérus, la leucorrhée, et dans tous les désordres de la menstruation. En un mot, elle convient aux personnes qui
sont trop faibles ou trop délicates pour oser aborder
les eaux du grand établissement, ainsi qu'à celles qui
ont à se repentir de les avoir employées. — On la boit
depuis un demi-verre jusqu'à quatre ou cinq verres.

Pour prévenir toute contestation inévitable en présence de ressources balnéaires aussi pauvres, un règlement distribue le service des bains entre les médecins inspecteurs de Baréges et les médecins militaires.

Médecins : { PAGÈS, inspecteur.
BALENCIE, adjoint.
VERGÈS.
THEIL, chargé des indigents.

Cadéac.

Le village de Cadéac se trouve dans la vallée
d'Aure, à 2 kil. environ de la petite ville d'Arreau,
et à 46 de Bagnères-de-Bigorre. Il est agréablement
situé sur les bords de la Neste : une grande route
très-praticable y conduit. — On trouve à se loger
d'une manière passable dans le village ; quelques
personnes cependant préfèrent habiter Arreau, et
vont prendre les eaux tous les jours à Cadéac. Le
baigneur partage ses loisirs entre la chasse, la pêche
et l'usage des eaux.

Ce village possède deux petits établissements
thermaux séparés par le cours de la Neste. Les

sources qui sont exploitées par ces établissements, quoique froides, sont placées cependant, par leur degré de minéralisation, en tête des sulfureuses des Pyrénées. Elles contiennent en effet :

	Sulfure de sodium.
	gr.
La source de la rive droite	0,0750
La source de la rive gauche	0,0678

Ces eaux sont administrées en bains, en douches et en boisson. Elles produisent d'excellents effets dans les rhumatismes chroniques, les affections cutanées, les catarrhes et autres affections des voies respiratoires, les engorgements sturmeux, les ulcères indolents et dans les désordres de la menstruation.

Malgré toutes ces ressources thérapeutiques, les bains de Cadéac sont peu fréquentés, et seulement par les malades peu aisés de la contrée. L'aménagement des eaux qui laisse beaucoup à désirer est sans doute la cause de ce délaissement.

Médecin : Fournier, inspecteur.

Labassère.

La source de Labassère coule au fond de la vallée de l'Oussouet, dans un pays sauvage et aride, à 8 kil. environ de Bagnères-de-Bigorre. Elle fut découverte en 1800, par M. l'abbé Pédefer, alors curé de la paroisse de Labassère.

Cette source jaillit d'un terrain de transition ; sa température est froide ; elle a une odeur et une saveur hépatiques, avec arrière-goût salin ; elle dé-

13.

pose une grande quantité de barégine et de sulfuraire. D'après l'analyse de M. Filhol, un litre d'eau de Labassère contient :

Sulfure de sodium...................	0,0464
— de fer, cuivre et manganèse....	des traces
Chlorure de sodium..................	0,2058
— de potassium...............	0,0036
Carbonate de soude..................	0,0232
Sulfate de soude, de potasse et de chaux.	des traces
Silicate de chaux...................	0,0452
— d'alumine...................	0,0007
— de magnésie................	0,0096
Alumine en excès...................	0,0018
Iode..............................	des traces
Matière organisée.................	0,1450
	0,4813

On voit, d'après cette analyse, que l'eau de Labassère se distingue par son haut degré de sulfuration, par une quantité notable de chlorure de sodium, et par la quantité très-appréciable d'iode. Cependant, malgré tout cela, la présence d'une source sulfureuse froide dans un pays désert, au milieu de rochers arides et à 8 kil. de Bagnères, serait un fait fort insignifiant et de peu d'importance, si cette eau ne possédait encore une autre vertu aussi essentielle que toutes les autres : je veux parler de cette grande stabilité qui la distingue et qui lui permet d'être exportée sans subir de décomposition ; qualité infiniment précieuse, surtout pour les personnes qui, ne pouvant se rendre auprès des sources, sont obligées de prendre les eaux chez elles. « De toutes les eaux sulfureuses que j'ai examinées, dit M. Filhol, il n'en est aucune qui se soit montrée moins altérable, soit par l'exposition à l'air, soit par le transport. » Cette précieuse qualité devait nécessairement attirer l'attention des médecins et des malades sur l'eau de Labassère. Aussi, bientôt elle fut transportée loin de sa source, son usage se répandit, et des cures réelles, incontestables vinrent chaque jour augmenter sa réputation et justifier la confiance qu'elle avait inspirée.

Profitant de ces indications, M. Soubies, propriétaire des bains de Théas, à Bagnères, a fait disposer dans son établissement, d'après les plans et sous la direction de MM. Filhol et J. François, un appareil ingénieux au moyen duquel l'eau de Labassère, chauffée au bain-marie par la chaleur naturelle des sources de Théas, conservée à l'abri de toute altération, est livrée comme boisson aux malades. Cette buvette est fréquentée tous les jours, pendant la saison, par un concours de 300 à 400 malades.

Il est question en ce moment d'établir à l'hôpital de Toulouse une buvette d'eau de Labassère construite sur le modèle de celle de Théas. Si cet essai réussit, il est probable que l'exemple sera imité par beaucoup d'hospices de grandes villes.

D'après M. le docteur Cazalas, médecin militaire, qui a écrit une excellente notice sur l'eau de Labassère, cette eau agirait sur nos fonctions à la manière des agents excitants ; mais, en outre de son pouvoir stimulant, elle exerce évidemment aussi dans les maladies une action qui lui est propre et qui tient sans doute à la variété ou au mode de combinaison de ses principes minéralisateurs.

On peut l'employer avec avantage dans le traitement de toutes les maladies où les eaux de Bonnes, de Saint-Sauveur, de Cauterets, sont indiquées en boisson.

Elle jouit d'une efficacité spéciale que l'on ne saurait mettre en doute, dans le catarrhe chronique des bronches, les toux convulsives, les congestions passives du poumon, la tuberculisation pulmonaire, la laryngite chronique ; et notamment dans la pellagre, qui semble ne jamais résister à son emploi.

La dose pourra varier, depuis un quart de verre jusqu'à un demi-litre, quantité extrême que l'on ne doit pas dépasser ; son emploi exige beaucoup de sagesse et de prudence et l'abus pourrait occasionner les accidents les plus graves ; nous conseillons surtout aux organisations délicates, aux personnes dont le système nerveux est irritable, de ne pas tenter l'usage de cette eau avant d'avoir pris les conseils d'un médecin.

Pour se faire une idée de la rapidité avec laquelle s'étend la réputation de l'eau de Labassère, il suffit de considérer l'augmentation graduelle de son prix de ferme. — En 1820, elle fut affermée 66 fr., en 1838, 100 fr., en 1839, elle atteignait 600 fr., et enfin aujourd'hui son prix de ferme est fixé à 3,000 fr.

Gazost.

La commune de Gazost, située dans la vallée de Castelloubon, à gauche de la route de Baréges, et à quelques kilomètres de Lourdes, possède deux sources d'eau minérale qui ne sont distantes l'une de l'autre que de quelques pas et qui se trouvent placées sur un plateau élevé, accessible seulement aux piétons ou aux cavaliers.

L'une de ces sources qui porte le nom de M. *Burgade*, son propriétaire, est exploitée dans un petit pavillon où se trouvent trois baignoires; l'autre, dite source *Nabias*, n'est utilisée qu'en boisson.

L'eau de ces sources mise en bouteilles et cachetée avec soin, a été envoyée à M. O. Henry, à Paris, qui a constaté dans son rapport ce qui suit : « Cette eau est très-limpide, à part quelques légers filaments de glairine; elle a une odeur à peine sulfureuse qui le devient progressivement, à l'air ou par l'addition d'un acide... Elle indique, par les réactifs, la présence de notables proportions de sulfures alcalins. Nous avons été conduit à considérer cette eau de la manière suivante; pour 1,000 gr. d'eau ou un litre, savoir :

Azote......... sans doute à la source.		
Sulfure.... { de sodium..............	0,0325	
{ de calcium, fort peu, mais sensible.		
Chlorure... { de sodium..............	0,3200	
{ de potassium...........	0,0200	
Carbonate de soude, peu.		
Silicate de soude...................	0,0160	
Sulfate de soude, indice.		
Bicarbonate de chaux.............. }	0,0490	
Bicarbonate de magnésie........... }		
Silice, alumine (silicate)	0,0520	
Oxyde de fer, traces non douteuses.		
Matière organique (glairine rudimentaire).	0,0200	
Principes minéralisateurs.............	0,5095	
	1,0190	

« On n'a pas cherché l'arsenic.

« L'eau de Gazost a marqué, terme moyen, 11° au sulfhydromètre ; celle de Labassère donne 13° 8 à 14.

« L'iode existe d'une manière très-positive dans cette eau, ainsi que dans la glairine dont j'ai eu des échantillons : enfin le principe sulfureux qui paraît être tout entier combiné se trouve uni en grande partie à la soude, mais un peu aussi à la chaux...

« Telle qu'elle est, l'eau de Gazost me paraît intéressante. Je ne doute pas qu'en raison de sa nature et de ses éléments, et aussi en raison de son analogie avec des eaux sulfureuses bien connues et justement appréciées, elle ne rende d'utiles et grands services à l'art de guérir. »

M. Filhol, qui s'est aussi occupé des eaux de Gazost, prétend qu'elles sont, de toutes les sources des Pyrénées, celles qui contiennent le plus d'iode. C'est sans doute à la présence d'un agent thérapeutique aussi puissant qu'elles doivent ces qualités résolutives et détersives dont elles sont douées au suprême degré et qui leur ont valu une certaine réputation dans le pays. On y cite en effet des cures dans lesquelles les eaux de Cauterets, de Baréges ou de Saint-Sauveur avaient échoué et qui ont été opérées par ces eaux. Les pâtres de la contrée, qui les connaissent parfaitement, ne manquent pas d'y avoir recours, aussi bien pour leurs maladies que pour celles de leurs troupeaux.

Médecin-inspecteur : VITAL-LACRAMPE.

EAUX SULFUREUSES DU DÉPARTEMENT DE LA HAUTE-GARONNE.

Bagnères-de-Luchon.

Histoire et topographie. —Dans un des plus beaux et des plus fertiles bassins des Pyrénées, arrosé par le gave de la Pique et coupé dans tous les sens, comme un jardin, par un magnifique réseau d'allées, se trouve la petite ville de Bagnères-de-Luchon, chef-lieu de canton, dans l'arrondissement de Saint-Gaudens, à 804 kilomètres de Paris, 308 de Bordeaux, 136 de Toulouse, 8 de la frontière d'Espagne et à 612 mètres au-dessus du niveau de la mer. Cette ville est située au pied de la grande chaîne des Pyrénées ; sa population fixe est de 2,870 habitants. En 1854, on évaluait à 8,000 environ le nombre des étrangers qui y étaient venus pendant la saison des eaux.

Les bains de Luchon étaient très-anciennement connus, ainsi que l'atteste leur nom latin *Balnearia Luxoniensia* dont on a fait *Bagnères-de-Luchon.*

Les Romains, ces grands amateurs d'eaux thermales, qui, au rapport de Pline, connaissaient déjà plusieurs sources dans les Pyrénées, avaient fondé à Luchon des thermes considérables dont les piscines furent découvertes par des fouilles pratiquées vers la fin du siècle dernier. Ces fouilles amenèrent encore la découverte d'autels votifs, de statues et de plusieurs autres objets d'art dont, selon leur habitude, ils avaient décoré ces thermes.

Pendant le moyen âge, ces eaux tombèrent dans

un oubli complet d'où elles n'ont été tirées que par
les soins intelligents de l'illustre intendant des gé-
néralités d'Auch et de Pau, le comte d'Étigny, à
qui la Gascogne et le Béarn doivent tant et de si
utiles établissements, et que l'on peut appeler le res-
taurateur des eaux minérales des Pyrénées ; titre
qui, par-dessus tous les autres, doit lui assurer la reconnaissance de la postérité.

On trouve à Luchon des hôtels bien tenus avec
bonne table d'hôte (1) ; des appartements commodes
et meublés avec une certaine élégance. Tous les jours
le marché est abondamment fourni de provisions
de toute espèce, telles que gibier, poisson, laitage,
légumes, fruits, etc., de sorte que l'on peut facilement
y bien vivre à des prix fort modérés. Les habitants
y sont bons, honnêtes et affables. Indépendamment
de ses eaux, ce pays offre aux malades et aux convalescents les conditions les plus favorables pour leur
traitement : un air pur et un climat fort doux : —
en été, c'est le ciel de l'Espagne tempéré par l'air
frais des montagnes ; des promenades variées qu'ils
peuvent parcourir sans fatigue ; enfin tous les agréments et toutes les distractions que l'on trouve dans
les grandes villes, tels que cafés, salons de lecture,
cercles, concerts, bals, etc. Du reste, ce séjour convient également à celui qui recherche les jouissances
du luxe et des plaisirs comme à celui qui leur préfère les charmes de la solitude et de la rêverie, les

(1) Les principaux hôtels sont ceux du Parc, Richelieu, de
Paris, d'Espagne, de Londres, de France, de la Poste, du
Commerce, Saccaron.

beautés de la nature, les vives impressions que provoque l'aspect sévère et grandiose des montagnes.

On arrive à Luchon, du côté du nord, par une belle avenue de platanes. Deux autres routes plantées de sycomores se dirigent, l'une vers l'ouest, dans la vallée de l'Arboust, l'autre vers l'est, sur le petit village de Montauban, éloigné seulement d'un kilomètre. Une autre allée d'ormes et de peupliers longe le gave de la Pique : c'est là le rendez-vous ordinaire des baigneurs pour la promenade du soir. Enfin une large et belle avenue plantée de magnifiques tilleuls, et que l'on appelle le cours d'Etigny, conduit à l'établissement thermal, vers le sud. Cette avenue qui a un demi-kilomètre de longueur et qui est bordée de maisons, des deux côtés, constitue à peu près à elle seule la ville des étrangers. C'est là que se trouvent les hôtels, les restaurants, les cafés, les cercles. Rien de plus animé que l'aspect de cette avenue, parcourue à toute heure de la journée par les promeneurs, par les baigneurs qui se rendent à l'établissement, par de brillantes et joyeuses cavalcades qui partent pour la montagne ou qui arrivent, en faisant claquer leurs fouets. Le grand établissement thermal, situé, comme nous l'avons dit, à l'extrémité sud de l'avenue, est adossé à la montagne d'où jaillissent les sources et que l'on appelle Superbagnère. Sur le penchant de cette montagne verte et boisée, on a tracé, pour l'agrément des baigneurs, des sentiers en zigzag qui montent en pente douce et coupée jusqu'à une hauteur de 160 mètres environ. Cette promenade, que les con-

valescents mêmes peuvent parcourir sans fatigue, se
nomme le Bosquet. Au sommet coule une fontaine,
simple source limpide et fraîche, sans aucune prétention médicale, que l'on appelle *Fontaine d'amour*.

Il n'est peut-être pas, dans toutes les Pyrénées, de
localité thermale dont les environs offrent plus d'attrait pour le touriste et pour le voyageur, plus de
lieux qui méritent d'être visités, que les environs de
Bagnères-de-Luchon. Nous signalerons d'abord les
points qui sont le plus à portée, tels que la tour de
Castel-Vieil et la fontaine ferrugineuse qui coule au
fond d'une délicieuse gorge ; les cascades de Montauban et de Juzet, les villages de Saint-Aventin et
de Cazaril. Toutes ces promenades peuvent se faire
facilement à pied, dans une matinée ou dans une
après-midi.

Si l'on veut pousser plus loin ses excursions, on
va visiter le lac et la cascade d'Oo ou de Seculéjo,
la verte et jolie vallée du Lys à l'extrémité de laquelle se trouvent les cascades d'Enfer et du Cœur ;
le village de Superbagnères et ses vastes pâturages ;
la vallée d'Arran où prend sa source la Garonne et
le village espagnol de Bossost, au bord de cette rivière ; la petite ville de Saint-Béat avec ses carrières
de marbre et les ruines de son château féodal.

Saint-Bertrand de Comminges, son cloître et son
église qui renferme des sculptures fort remarquables
et plus loin la grotte de Gargas ; les sommets du
Nérée et leur écho si curieux méritent aussi une visite. On fait l'ascension du port de l'Entecade, du
pic de Céciré, du Bocanère et du Monné. Enfin on

franchit le port de Venasque en passant par l'hospice de Luchon et l'on revient par le port de la Picade. Cette course est une des plus belles que l'on puisse faire dans les Pyrénées et je ne connais rien dans ces montagnes de plus sublime, de plus majestueux et de plus saisissant que l'aspect du glacier de la Maladetta vu du haut de ce passage. Cette excursion est un peu longue, mais elle n'offre aucun danger, et les fatigues qu'elle coûte sont bien compensées par le plaisir qu'elle procure. — On trouve, à Luchon, des chevaux éprouvés, dont le pied sûr est habitué aux sentiers des montagnes et auxquels les voyageurs pourront se confier sans crainte.

Sources et établissement. — Les sources de Bagnères-de-Luchon sourdent au pied de la montagne appelée Superbagnères, dans un espace assez circonscrit. Le nombre de ces sources a été considérablement augmenté, dans ces dernières années, par suite des fouilles pratiquées sous l'habile direction de M. François, ingénieur des mines.

Nous empruntons à une notice publiée en 1851 par MM. François, Filhol et Chambert le tableau suivant, où se trouvent les noms de ces sources, avec leur degré de sulfuration et de température, aux griffons.

TABLEAU.

NOMS DES SOURCES.	TEMPÉRATURE MOYENNE.	SULFURATION MOYENNE.
	deg. centig.	sulf. de sodium gr. cent.
Bayen......................	68,00	0,0773
Reine......................	57,20	0,0539
Azémar (ancien chauffoir).....	54,20	0,0523
Richard supérieure............	51,50	0,0518
Grotte supérieure.............	56,40	0,0405
Enceinte...................	48,50	0,0638
Blanche	47,20	0,0349
Richard tempérée, n° 1........	38,00	0,0330
Idem.......... n° 2.......	32,00	0,0155
Ferras supérieure, n° 1........	29,80	0,0030
Idem.......... n° 2.......	34,20	0,0125
Étigny.......... n° 1.......	49,30	0,0423
Idem.......... n° 2.......	31,00	0,0098
Richard inférieure, n° 1........	35,30	0,0330
Idem....... n° 2 à 5........	49,80	0,0534
Grotte inférieure.............	56,50	0,0638
Source des Romains...........	51,20	0,0584
Ferras inférieure, n° 1.......	35.10	0,0620
Idem.......... n° 2.......	38,20	0,0522
Lachapelle..................	36,20	0,0389
Bosquet....................	39,10	0,0381
Sengez....................	32,30	0,0276
Bordeu.......... n° 1.......	33,50	0,0320
Idem....... nos 2 et 5.......	47,80	0,0645
Pré............. n° 1........	59,00	0,0721
Idem.......... n° 2........	54,10	0,0708
Ferrugineuses de Richard.......	26,10	»
Idem du Pré...............	16-28	»
Saline du Pré...............	21,00	traces.
Froide saline des Bains........	16-17	»

Toutes ces sources débitent ensemble 450 mille litres environ par 24 heures. — Elles sont la propriété de la commune de Luchon.

Les eaux de Bagnères-de-Luchon sont toutes limpides et incolores à leur bouillon. Elles ont une saveur sulfureuse et nauséabonde et répandent une odeur d'œufs couvis qui se fait sentir au loin ; elles dégagent une quantité notable d'azote. Elles tiennent en dissolution de la glairine qu'elles laissent déposer sous la forme de frai de grenouilles et qui les rend douces et savonneuses au toucher. On y trouve aussi des flocons blanchâtres de sulfuraire semblables à de la charpie fine. Sur les parois des conduits et des réservoirs de quelques-unes de ces sources (la Reine, la Grotte supérieure, Richard supérieure), on remarque des quantités notables de fleur de soufre, résultat de l'évaporation et de la décomposition de l'acide sulfhydrique. Enfin le mélange de quelques-unes de ces eaux, aussitôt qu'il est exposé à l'air, louchit et devient blanchâtre. Ce singulier phénomène qui tient à la décomposition des principes minéralisateurs qu'elles contiennent, a fixé l'attention des chimistes qui se sont occupés de l'étude des eaux minérales. On n'est pas encore parfaitement d'accord sur les causes qui le produisent et sur la manière dont il s'opère.

Nous empruntons à la notice dont nous avons déjà parlé, le tableau suivant qui indique la composition chimique des principales sources analysées par M. Filhol.

Tableau.

TABLEAU INDIQUANT LA COMPOSITION CHIMIQUE DES PRINCIPALES SOURCES DE BAGNÈRES-DE-LUCHON (1).

NOMS DES SOURCES.	SULFURE DE SODIUM.	SULFURE DE FER.	SULFURE DE MANGANÈSE.	CHLORURE DE SODIUM.	SULFATE DE POTASSE.	SULFATE DE SOUDE	SULFATE DE CHAUX	SILICATE DE SOUDE.	SILICATE DE CHAUX.	SILICATE DE MAGNÉSIE.	SILICATE D'ALUMINE.	SILICE LIBRE.	MATIÈRE ORGANIQUE.	TOTAL *
Source de la Reine.	gr. 0,0508	0,0022	0,0028	0,0424	0,0092	0,0312	0,0312	traces.	0,0102	0,0048	0,0255	0,0209	»	gr. 0,2511
Bayen.	0,0777	traces.	traces.	0,0829	traces.	traces.	traces.	Id.	0,0220	traces.	traces.	0,0444		0,2270
Azémar.	0,0480	0,0022	0,0024	0,0620	0,0072	0,0465	0,0178	0,0058	0,0432	0,0147	0,0257	0,0076	n'a pas été dosée.	0,2811
Richard supérieure.	0.0495	0,0028	0,0018	0,0659	0,0088	0,0101	0,0400	traces.	»	traces.	0,0292	0,0328		0,2557
Grotte supérieure.	0.0314	0,0027	0,0013	0,0723	0,0059	0,0682	»	0,0094	0,0376	0,0057	0,0109	0,0103		0,3559
Blanche.	0,0338	0,0011	traces.	0,0300	0,0058	0,0610	traces.	traces.	0,0759	0,0067	0,0101	0,0003		0,2429
Ferras supérieure nᵒ 2.	0,0055	0,0009	Id.	0,0166	0,0109	0,0580	0,0212	Id.	0,0506	traces.	traces.	»		0,2002
Bordeu no 4.	0,0690	0,0005	Id.	0,0858	traces.	traces.	traces.	0,0235	0,0162	0,0025	0,0073	0,0262		0,2306
Grotte inférieure.	0,0589	0,0021	Id.	0,0736	0,0113	0,0265	0,0200	traces.	traces.	traces.	0,0141	0,0499		0,2564

* Il y a en outre dans chacune de ces sources des traces de sulfure de cuivre, d'iodure de sodium, de sulfate de soude, de carbonate de soude, de phosphate, d'acide sulfhydrique, d'alumine et de magnésie.

(1) Plusieurs autres sources nouvellement découvertes n'ont pas encore été définitivement analysées.

Au moyen de galeries souterraines creusées dans le flanc de la montagne, dans un développement de 890 mètres, M. François a poursuivi ces diverses sources jusqu'à leur sortie de la roche en place où il les a captées avec soin ; de là il les a amenées, à l'aide de canaux en bois injecté (1), dans des réservoirs voûtés, où, se trouvant à l'abri du contact de l'air extérieur, et des infiltrations, elles conservent leur température et l'intégrité de leurs vertus thérapeutiques.

Ces espèces de tunnels forment un travail vraiment remarquable et digne d'admiration. A l'entrée de la galerie de la Reine se trouve, un *vaporarium* creusé en demi-rotonde dans le granit, où la vapeur s'introduit de bas en haut, par un puits circulaire qui se trouve placé au centre et que l'on peut ouvrir ou fermer, en totalité ou en partie, selon que l'on veut admettre plus ou moins de vapeur. Son maximum de température est de 48°. Un petit vestibule moins chaud sert de vestiaire et de salle de préparation, afin d'éviter les transitions trop brusques, soit à l'entrée, soit à la sortie de l'étuve.

La commune de Luchon vient de faire élever, sous la direction de M. Chambert, architecte, un établissement thermal qui doit être à peu près terminé à la saison prochaine et qui sera placé au nombre des plus beaux monuments de ce genre que l'on trouve en Europe. L'habile disposition qui a présidé à la con-

---

(1) Ces canaux en bois injecté, outre l'incorruptibilité, ont encore l'avantage de conserver la température des eaux mieux que les tuyaux en métal (zinc ou plomb).

struction de ces thermes permettra de profiter de toutes les ressources thérapeutiques qu'offre un ensemble de sources aussi complet et aussi varié que celui de Luchon.

Cet établissement comprend :

1° Un vestibule qui, par le moyen de deux galeries parallèles, communique avec toutes les parties des thermes, et qui se termine par un grand escalier conduisant aux salles supérieures, aux buvettes et aux galeries souterraines ;

2° Neuf salles de bains dont une est affectée spécialement aux dames et une autre aux indigents. Ces salles, qui forment autant de pavillons séparés, comprennent en tout cent une baignoires en marbre dans lesquelles l'eau entre par le fond, disposition fort avantageuse qui s'oppose à l'évaporation du gaz et à l'altération du principe sulfureux par le contact de l'air. Toutes ces baignoires sont en outre pourvues de douches locales et d'injection ; vingt-trois sont pourvues de douches ordinaires que l'on peut varier à volonté à l'aide d'un système d'ajutages des plus complets ;

3° Cinq grandes douches ; trois douches ascendantes, et une douche locale ;

4° Trois piscines de quinze places chacune, et réservées, l'une pour les hommes, l'autre pour les femmes et la troisième pour les indigents ;

5° Des étuves, bains et douches de vapeur sèche ou humide ; des salles d'inhalations ; deux bains russes avec lit de repos et de massage ;

6° Un bassin gymnastique de natation ;

7º Enfin vingt-une buvettes appartenant à diverses sources.

Nous ne parlons pas des bureaux, chauffoirs, salles de consultations et de tous les accessoires nécessaires pour le service de l'établissement. Enfin, pour nous résumer en peu de mots, nous dirons que, par la beauté de l'architecture, ainsi que par le luxe des ornements et la multiplicité des ressources, ce monument rappelle la magnificence des thermes romains.

On y a donné jusqu'à mille bains par jour.

Propriétés médicales. — Les eaux de Luchon produisent dans les premiers jours, sur l'économie, une excitation signalée par des rougeurs et des démangeaisons à la peau ; par de l'agitation, une surexcitation nerveuse, de l'insomnie et quelquefois une espèce d'ivresse ; par un surcroît de transpiration ou de sécrétion des urines qui répandent une odeur de soufre très-prononcée. Si l'on fait un usage immodéré de ces eaux, bientôt le pouls s'élève, devient fébrile ; il survient de la pesanteur de tête, de la céphalalgie, des irritations gastriques , des vomissements. De pareils caractères suffisent pour faire comprendre qu'elles doivent être administrées avec les plus grandes précautions aux tempéraments nerveux et irritables, aux organisations délicates ou affaiblies par de longues maladies ; et qu'elles ne conviennent nullement à ceux qui présentent des symptômes de pléthore, de congestion sanguine, de dilatation du cœur et des gros vaisseaux ; dans les cas de phthisie avancée ou d'inflammation aiguë. Dans aucune circonstance, du reste, on ne doit les employer sans motif, et leur action doit toujours être surveillée avec le plus grand soin.

Par le grand nombre de leurs sources, la variété de leur température et de leur composition chimique, enfin par l'habileté avec laquelle elles sont aménagées et combinées dans l'établissement, les eaux de Luchon offrent une série de moyens thérapeutiques que l'on peut varier ou modifier à l'infini. On les prescrit avec succès contre les maladies chroniques de la peau, telles que eczéma, prurigo, psoriasis, ichthyose, etc., etc.; contre les douleurs, les engorgements articulaires, les rétractions de tendons survenues à la suite de fractures ou de luxations; les fausses ankyloses, les tumeurs blanches, les engorgements scrofuleux, les rhumatismes chroniques; dans les plaies par armes à feu, les cicatrices douloureuses, les ulcères fistuleux, les nécroses, la carie des os. — Elles sont encore avantageusement administrées dans l'asthme humide, les catarrhes chroniques, l'ophthalmie; dans les embarras gastriques, les engorgements des viscères abdominaux, dans l'anorexie, l'hypochondrie.

Elles réussissent assez souvent dans la chlorose, les fleurs blanches, l'aménorrhée, et tous les dérangements qui accompagnent les troubles de la menstruation; ainsi que dans les affections nerveuses, telles que l'hystérie, la danse de Saint-Guy, etc.; dans le rachitisme, la faiblesse générale ou locale, les déviations de la colonne vertébrale chez les enfants dont la croissance est trop rapide; dans la gravelle, les néphrites et les cystites chroniques ; enfin dans les accidents consécutifs de la syphilis ou d'un traitement mercuriel exagéré.

En gargarisme, ces eaux, et celles de la source du Pré spécialement, paraissent exercer l'influence la plus salutaire dans les maladies chroniques de la glotte ou du larynx.

Les eaux de Luchon s'administrent en boissons, en bains entiers ou demi-bains, en douches, vapeurs, lotions ou injections ; pour rendre le traitement moins énergique, on acclimate le malade en le faisant passer successivement d'une source faible à une source plus forte. On a encore l'habitude, à Luchon, de faire alterner l'usage des bains minéraux avec celui des *bains émollients*. C'est une décoction de plantes et de graines mucilagineuses, constituant un bain onctueux et essentiellement anodin, qui a la propriété de calmer et de reposer les nerfs irrités ou fatigués par l'usage des eaux sulfureuses. Cette manière de procéder produit les plus heureux effets, et nous avons connu des malades dont le système nerveux trop susceptible n'aurait jamais pu tolérer un traitement minéral, sans le secours de ces bains. On trouve, à Luchon, plusieurs établissements où ces sortes de bains se préparent.

La dose de la boisson varie, d'un quart de verre à trois verres, que l'on coupe assez habituellement avec du lait, du sirop de gomme ou tout autre sirop.

L'eau de Luchon s'altère beaucoup par le transport et perd très-vite une partie de ses qualités thérapeutiques ; c'est pourquoi elle est peu exportée.

La saison des eaux commence au 15 mai et fiuit au 15 octobre.

Médecins :
{
BARRIÉ, inspecteur.
FONTAN.
PEGOT.
ANDRIEU.
CHAPELON.
}

DES EAUX SULFUREUSES DU DÉPARTEMENT DE L'ARIÉGE.

AX.

Topographie. — La petite ville d'Ax, chef-lieu de canton, dans l'ancien comté de Foix, est située sur la rive droite de l'Ariège, à 42 kilomètres de Foix, 212 de Toulouse, 17 de Tarascon et à 710 mètres au-dessus du niveau de la mer. Sa population est de 2,000 habitants environ : elle est bâtie sur un rocher au centre d'un bassin qu'entourent de toutes parts de hautes montagnes ; et elle se compose à peu près tout entière d'une seule rue assez large et dont les vieilles masures disparaissent chaque jour pour faire place à des constructions modernes. Un grand nombre d'habitations gracieuses et agréables sont encore répandues aux environs, dans la campagne. Elle peut loger jusqu'à 1,000 étrangers. Les abords y sont faciles, l'air y est vif et pur, la nourriture saine et à bon marché, les habitants sont de mœurs douces et d'un commerce agréable. — La ville d'Ax a vu naître le médecin Roussel, l'immortel auteur du *Système physique et moral de la femme.*

Quoique sauvage et aride, la vallée où se trouve située la ville d'Ax n'en a pas moins un aspect fort pittoresque. L'église, entourée de belles allées, est située sur la rive gauche de l'Ariège : son chœur est digne d'être visité. Sur les montagnes des environs se trouvent plusieurs châteaux en ruine, débris de la féodalité, véritables nids de vautours perchés sur des rochers qui semblent inaccessibles à un pied humain, et qui donnent au pays un intérêt tout à fait romantique : celui de Lordat, entre autres, est un des plus remarquables. — On fait l'ascension du mont Saint-Barthélemi, dont la hauteur est de 2,380 mètres, et du haut duquel on a une magnifique vue des montagnes; enfin on va visiter, à 19 kilomètres, la curieuse vallée d'Andorre.

Située sur le versant méridional des Pyrénées, la vallée d'Andorre s'étend dans un espace de 12 lieues de long sur 10 lieues de large : elle forme un bassin arrosé par deux petites rivières et entouré de hautes montagnes qui la ferment de toutes parts et ne laissent qu'un étroit débouché du côté d'Urgel. Le pays est peu fertile, et sa principale richesse consiste en pâturages. Sa population est de 6,000 habitants environ. — Ce peuple forme une république feudataire de la France, qui se régit par ses propres lois. Spectacle touchant et digne d'intérêt! au milieu des orages et des révolutions qui ont bouleversé si souvent les puissants États entre lesquels elle se trouve enclavée, cette peuplade de pasteurs, protégée par sa pauvreté, a su conserver intactes, pendant dix siècles, son indépendance et sa constitution.

— C'est à Charlemagne que les *vallées et souverai-
netés de l'Andorre* (comme les habitants appellent
leur pays) doivent leurs franchises, et ce don leur
fut octroyé en récompense des secours que les An-
dorrais prêtèrent à son armée, dans la vallée de Ca-
rol, où ils l'aidèrent à battre les Maures d'Espagne.
— Les mœurs des habitants de la vallée d'Andorre
sont simples et austères ; l'éclat du luxe, l'attrait des
arts et des plaisirs inventés par l'oisiveté des grandes
villes n'ont pu les séduire ou les tenter ; et, dans
leur simplicité primitive, ils vivent heureux de la vie
de leurs ancêtres. On dirait une tribu des temps bi-
bliques ; la principale richesse consiste en troupeaux
dont le lait les nourrit et dont la laine les habille ; et
les plus pauvres sont appelés à prendre part à la
fortune des riches. — Chaque famille reconnaît un
chef qui succède par ordre de primogéniture.
Les fils ne quittent la maison que quand ils se ma-
rient ; alors seulement ils sont aptes à remplir les
fonctions publiques. — La justice est exercée par
un conseil des anciens. Les délits sont très-rares,
quoique les peines soient peu sévères. Jamais on n'y
voit de procès. — Tous les habitants en état de porter les armes sont soldats au besoin ; et chaque chef
de famille est tenu d'avoir chez lui un fusil de cali-
bre avec une certaine quantité de poudre et de balles.
— Le commerce est libre sans douane et sans droits.
— Les habitants de la vallée sont robustes et sains et
atteignent ordinairement une vieillesse fort avancée,
exempts d'infirmités. — Les maladies qu'engendrent
le luxe, le vice et la débauche leur sont inconnues.

Sources et établissements. — A Ax, les sources minérales jaillissent de toutes parts. Pilhes en compte 53 qui proviennent d'un terrain granitique. Leur température est en général fort élevée, et quelques-unes sont des plus chaudes de toute la chaîne des Pyrénées. — La plupart de ces sources ne sont pas utilisées par la médecine et coulent dans la voie publique; d'autres sont employées pour les besoins des ménages ou de l'industrie, tels que la cuisine, les lessives, le désuintage des laines, etc. ; elles imprègnent l'air de leurs vapeurs fortes et pénétrantes qui se font sentir au loin, de sorte qu'il semble que l'on vive au milieu d'une atmosphère sulfureuse.

Nous citerons parmi ces sources quelques-unes des plus importantes et des plus remarquables, savoir:

	Tempér.
La Canalette....................	25°
Montmorency....................	31°
Bains du Teich (de l'étuve)..........	70°,15
La Gourguette	36°
L'Eau-Bleue....................	48°
Saint-Roch....................	40°
Le Couloubret....................	45°,50
Viguerie....................	73°
La Pyramide....................	52°
Sicre-Fontan....................	58°,80
Les Canons....................	75°,50
Rossignol supérieur....................	77°

Ces eaux sont très-anciennement connues. Le roi Philippe-Auguste y fit établir, en 1200, un hôpital qui fut, dans l'origine, une léproserie élevée au milieu de ce bassin sulfureux. On voit encore, à Ax, une piscine qui porte le nom de *Bain des ladres ou des lépreux.*

Toutes ces sources varient beaucoup par leurs propriétés physiques, et par leur composition chimique. En général, leur saveur est franchement hépatique et elles répandent une forte odeur d'œufs couvis ; elles charrient beaucoup de glairine, ce qui les rend onctueuses et douces au toucher : quelques-unes louchissent, peu de temps après leur exposition à l'air (Eau-Bleue) : enfin on remarque sur les parois de leurs conduits et de leurs réservoirs une certaine quantité de fleur de soufre, signe de leur décomposition.

M. Magne-Lahens, pharmacien à Toulouse , a analysé l'eau de plusieurs sources d'Ax. Voici les résultats que lui a fournis celle du Teich.

Pour un litre d'eau :

Acide hydrosulfurique...... .... q. ind.

	gr.
Chlorure de sodium..................	0,0163
Carbonate de soude sec..............	0,1090
Matière organique azotée.............	0,0052
Silice dissoute......................	0,1090
Silice non dissoute.............	0,0509
Carbonate de chaux.................	0,0066
Fer et alumine..	0,0044
Magnésie...........................	Traces.
Eau et perte.......................	0,0510
	0,3524

Quelques-unes de ces sources sont utilisées dans trois établissements qui sont :

1° *Le Couloubret :* construction ancienne et défectueuse, fondée en 1780. Il est actuellement négligé.

2° Le *Teich,* sur la rive gauche de l'Ariège : c'est le plus vaste et le plus fréquenté; il possède une étuve chauffée par l'eau de la source Viguerie et dont l'atmosphère peut être graduellement élevée jusqu'à la température de 48°. Sa fondation date de 1797.

3° L'établissement *Sicre* ou du *Breilh :* construction récente, élevée avec goût et élégance ; il possède douze baignoires en ardoise noire, placées dans autant de cabinets propres et commodes, deux douches et un bain de vapeur. Cet établissement a été bâti en 1820.

Propriétés médicales.— Les eaux d'Ax offrent, par leur grande variété, de puissantes ressources thérapeutiques; mais, il faut bien le dire, l'exploitation et l'aménagement de ces sources laissent beaucoup à désirer ; nous sommes persuadé que si elles étaient administrées dans un établissement thermal aussi vaste que le comportent leur nombre et leur diversité, et construit selon les indications de la science hydrothérapique actuelle, elles prendraient un des premiers rangs parmi les sulfureuses des Pyrénées, et deviendraient les rivales des eaux de Luchon. « On administrera à Ax, quand on le voudra, dit M. Filhol, des bains contenant autant de sulfure de sodium que ceux de Baréges. »

Cependant, telles qu'elles sont, ces eaux sont employées avec beaucoup de succès contre un grand nombre de maladies chroniques. Elles sont efficaces surtout dans les vieilles affections cutanées et dans les rhumatismes chroniques, dans les maladies des os et des articulations, le vice scrofuleux, les plaies par armes à feu, les cicatrices douloureuses, les ulcères atoniques.

Elles réussissent aussi dans les engorgements des organes abdominaux, les affections du foie, de la rate, l'inflammation de la membrane muqueuse intestinale, ainsi que dans la paralysie, dans les maladies syphilitiques invétérées, dans les catarrhes de l'utérus ou de la vessie et, en général, dans les affections chroniques des organes génito-urinaires, chez les deux sexes ; l'Eau-Bleue surtout jouit d'une spécialité toute particulière dans les cas de ce genre : enfin leur usage semble être moins heureux dans les affections nerveuses, l'hystérie, l'hypochondrie, dans l'asthme, les catarrhes bronchiques, la phthisie pulmonaire, et généralement dans les maladies des organes respiratoires.

Les eaux d'Ax sont administrées en bains, en douches, en vapeurs, en injections, en boissons. Mais la température élevée de la plupart des sources oblige de les refroidir en les faisant passer à travers un serpentin, avant de les administrer ; quelques-unes sont très-actives et réclament par conséquent beaucoup de prudence et de ménagement dans leur emploi.

La saison des eaux commence, à Ax, au 1ᵉʳ juin et finit à la fin de septembre.

Médecins :
ALIBERT, inspecteur.
ROLLAND.
SICRE.
MARCAILLOU.

DES EAUX SULFUREUSES DU DÉPARTEMENT DES PYRÉNÉES-ORIENTALES.

Le département des Pyrénées-Orientales, qui se compose presque tout entier de l'ancien Roussillon, est un des départements de la France les plus heureusement situés. Son climat est doux et tempéré ; l'olive, l'orange et le citron y mûrissent en pleine terre et les chemins sont bordés de cactus et de lauriers-roses. Ses vins sont exquis et très-estimés. Il est, de plus, très-riche en eaux minérales, et M. Anglada, professeur de chimie à l'école de Montpellier, qui fut chargé, en 1818, par le conseil général de ce département, de les analyser et d'en faire connaître les précieuses qualités, en a rencontré dans plus de quarante communes. Plusieurs magnifiques établissements thermaux y sont ouverts pendant toute l'année et offrent aux malades toutes les ressources de la thérapeutique et de la vie privée. Cependant, malgré de pareils avantages, ces eaux avaient été négligées, ignorées, et c'est à peine si on les trouve mentionnées dans les recueils spéciaux qui datent de quelques années. Ce n'est que dans ces derniers temps qu'elles ont acquis toute la réputation qu'elles méritent à si juste titre. On obéissait à la routine, on suivait la foule qui se transportait à Cauterets, à Baréges ou à Luchon, tandis qu'on aurait souvent trouvé à Vernet, à Amélie-les-Bains ou à Moligt des eaux plus appropriées à sa maladie.

Vernet-les-Bains.

Histoire et topographie. — Sur le penchant nord-
ouest du Canigou qui se détache de la chaîne des
Pyrénées et s'avance, comme un immense promon-
toire, vers le nord-est, on trouve, dans le bassin de
la Tet et sur la rive droite de cette petite rivière, le
village de Vernet-les-Bains, situé sur une hauteur
qui domine une vallée riante et fertile, et lui donne
l'aspect le plus pittoresque. Ce village fait partie de
l'arrondissement de Prades ; sa population est de 800
habitants environ ; il est à 4 kilomètres de Villefranche-de-Conflent, 8 de Prades, et 32 de Perpignan.
On y arrive par la route de Perpignan à Mont-Louis,
qui traverse le Roussillon et se dirige vers la Cerdagne. Après avoir suivi le cours de la Tet et passé des
gorges de montagnes escarpées qui la surplombent,
à droite et à gauche, en laissant à peine l'espace nécessaire pour son passage et celui de la rivière, cette
route se bifurque à Villefranche-de-Conflent et se
dirige vers le sud, jusqu'à la porte des établissements
de bains.

On trouve, à Vernet, des provisions de toute espèce, du gibier excellent, du mouton, de l'isard, du
poisson, du laitage et des fruits délicieux. Le climat y est tempéré, l'air vif et pur. La beauté des
sites, la variété des promenades, la fraîcheur des
ombrages en font un séjour délicieux, surtout en
été. Les environs offrent le plus grand intérêt
pour les naturalistes et les curieux.

Les baigneurs ne manquent pas d'aller visiter les

ruines de l'antique monastère de Saint-Martin de Canigou, bâti au commencement du XIᵉ siècle, par Guifred, comte de Cerdagne, et Guisla, sa femme ; le fort de Villefranche, bâti par Vauban, qui domine la vallée ; les ruines de l'abbaye de Saint-Michel ; la grotte si remarquable de Fulla, avec ses belles stalactites ; les forges de Sahorre et de Ria ; enfin, lorsqu'on se trouve ingambe et dispos, on fait l'ascension du Canigou, l'un des pics les plus élevés (2,800 mètres environ) et cependant les plus accessibles des Pyrénées, du haut duquel on a une magnifique vue sur le Roussillon et sur l'Espagne.

Sources et établissements.—En 1788, les bains de Vernet ne consistaient qu'en une grande piscine renfermée dans un bâtiment antique qui soutenait une magnifique voûte, objet d'admiration pour les voyageurs. Cette piscine avait dix mètres de long sur cinq de large et un de profondeur. Tout autour régnaient trois marches sur lesquelles s'asseyaient les baigneurs. Le docteur Barrère, qui acheta, à cette époque, la propriété des bains, combla la piscine et disposa dans le bâtiment huit cabinets de bain, une étuve et une buvette.

Tel était l'état des bains du Vernet, lorsque M. Anglada les visita, en 1818. Mais, depuis, les choses ont bien changé ; les nouveaux propriétaires de cet établissement se sont attachés à le restaurer et à l'agrandir par l'adjonction de bâtiments considérables ; un établissement nouveau s'est élevé non loin de celui-là, sur des sources connues depuis peu de temps ; de telle sorte que Vernet réunit aujourd'hui non-seulement les moyens thérapeutiques les plus complets et les plus variés que l'on puisse trouver dans les localités thermales les mieux pourvues, mais encore toutes les ressources désirables de bien-être et de confortable à l'usage des baigneurs.

Une affluence de malades toujours plus considérable viennent chaque année demander la santé aux thermes de Vernet et payer ainsi à leurs propriétaires un juste tribut de reconnaissance, pour leurs généreux efforts et leur zèle philanthropique.

On sait du reste qu'Ibrahim-Pacha, le fils du vice-roi d'Égypte, qui était venu en France pour guérir une maladie grave, passa l'hiver de 1846 à Vernet.

Le village de Vernet possède deux établissements thermaux que l'on désigne, l'un, sous le nom d'*Établissement des Commandants*, et l'autre, sous celui d'*Établissement Mercader*.

I. L'*établissement des Commandants* est le plus considérable. Il est situé à une faible distance du village dont il est séparé par la petite rivière de Castel que l'on traverse sur un beau pont ; et il se compose des anciens thermes restaurés que les propriétaires actuels, les commandants Couderc et Lacrivier, ont augmentés par l'adjonction de nouveaux bâtiments considérables : — Le *Petit Saint-Sauveur*, — le *Saint-François*, — et le bâtiment de la source *Élisa*.

Cet établissement exploite onze sources parfaitement aménagées dont la température varie de 19 à 58 degrés et qui servent à l'entretien :

1° D'un vaporarium de forme circulaire, établi sous la voûte des anciens thermes et composé de huit cabinets d'étuves où les malades, assis sur une grille, reçoivent les vapeurs qui se dégagent des soubassements, et qui échauffent plus ou moins l'atmosphère, selon les indications. Le centre de ce vaporarium, éclairé par un dôme vitré, est un salon où les malades peuvent se réunir et passer quelques heures dans une atmosphère douce et toujours égale;

2° De trois cabinets de douches creusés dans le roc. Au moyen des appareils variés et des ajutages divers dont ces cabinets sont pourvus, on peut administrer vingt combinaisons de douches différentes : douches écossaise, perpendiculaire, ascendante, parabolique, latérale, jumelle, etc. ;

3° De trois buvettes, de température et de composition chimique différentes ;

4° De vingt-quatre baignoires en marbre, propres et commodes, dont deux sont disposées pour des bains domestiques;

5° Enfin, d'une vaste piscine ou bassin de natation, de 35 mètres de long sur 13 de large, couverte d'une voûte, dans laquelle l'eau se renouvelle constamment par le trop-plein des sources. Tout autour règne une galerie où les baigneurs peuvent circuler, avant ou après le bain, et le long de laquelle sont disposés des cabinets ou vestiaires.

L'établissement est disposé de manière à permettre l'application du système hydrothérapique lorsque les cas l'exigent.

Indépendamment des ressources balnéaires si complètes et si variées que nous venons d'énumérer, les baigneurs trouvent encore dans cet établissement, des appartements commodes et meublés avec goût, ce qui leur procure l'immense avantage de prendre les bains et de vivre sans s'exposer aux influences de l'air extérieur ; des tables d'hôte servies avec profusion et variété, dans des prix très-modérés et à la portée de toutes les bourses ; des cuisines pour l'usage des personnes qui voudraient vivre à part ; des jardins, des terrasses, une chapelle, un salon de compagnie avec piano, une salle de jeu, un billard, etc. — Enfin, à l'aide d'un procédé aussi simple qu'ingénieux, on est parvenu, en utilisant la vapeur naturellement chaude des sources, à entretenir dans les appartements une température toujours tiède, ce qui fait que les rigueurs de l'hiver ne s'y font pas sentir, et qu'on peut y prendre les eaux en toute saison. En vivant dans cette atmosphère imprégnée de vapeurs sulfureuses, les malades jouissent du double avantage d'éluder la saison des froids toujours funeste pour eux et d'absorber par les organes de la respiration les principes médicinaux qui doivent les guérir.

II. — L'établissement Mercader est situé sur le chemin de Castel, à 150 mètres de la place de Vernet avec laquelle il communique par une magnifique allée de platanes. Nous avons dit plus haut que cet établissement était de fondation récente et que ses sources n'étaient connues que depuis peu.

Après avoir parlé des sources de l'ancien établissement, M. Anglada s'exprime ainsi : « On découvre encore quelques autres courants d'eaux thermales sur divers points de ce beau vallon ; il est possible qu'on tire un jour très-bon parti de ces dernières.

Rien ne doit être négligé, lorsqu'il s'agit d'approprier aux besoins de la santé publique des ressources aussi précieuses, dans une localité où la nature
a tant fait pour leur donner encore plus de prix. »
Et plus loin : « Une source thermale sulfureuse vient
s'offrir à l'attention de l'observateur, sur le sentier
qui conduit de Vernet à Castel, à cinquante pas environ du ruisseau : ce n'est qu'un mince filet qui se
comporte à l'odeur, au goût et aux épreuves qu'on
lui fait subir par les réactifs, à l'instar des autres
eaux sulfureuses du voisinage. Une telle conformité
de résultats ne permet nullement de douter que
cette eau thermale du chemin de Castel ne soit tout
à fait comparable, par sa composition chimique, aux
eaux de l'établissement thermal. En vertu de sa
température bien moins élevée, elle pourrait être
immédiatement appropriée à certaines indications
particulières, avec toute la puissance de son ingrédient sulfureux. »

Profitant de ces indications, M. Mercader, propriétaire du terrain sur lequel coulait cette source
de Castel, se mit à l'œuvre avec ardeur; il fit pratiquer des fouilles, et bientôt il découvrit de nouvelles
sources plus abondantes, et dont la température
moyenne permettait de les administrer en bains,
telles qu'elles sortaient de la source. Encouragé par
cette réussite, il fit élever successivement les constructions dont l'ensemble constitue les thermes qui
portent son nom.

Ces thermes, composés de plusieurs bâtiments séparés et indépendants les uns des autres, possèdent

des cabinets de bains fort propres, avec baignoires en marbre; un vaporarium, un système de douches fort varié, des buvettes, des salles d'inhalation.

On y trouve de plus, comme dans l'établissement des Commandants, des logements pouvant contenir cent vingt baigneurs, dans tous les goûts et pour toutes les bourses; une table d'hôte parfaitement servie; des salons avec piano, billard, etc.; des terrasses, des allées, des jardins; enfin tout ce qui peut aider à passer agréablement le temps.

Nous avons vu plus haut que les sources des deux établissements de Vernet se ressemblaient beaucoup. Elles sont en effet toutes limpides, incolores, onctueuses au toucher, ne blanchissant pas à l'air, et douées d'une assez grande persistance; elles répandent une odeur très-marquée d'œufs durcis; leur saveur est sulfureuse, avec un arrière-goût salin; elles ternissent promptement l'argenterie, déposent à leur bouillon beaucoup de glairine et charrient de la sulfuraire; elles laissent dégager une grande quantité de gaz.

Les gaz, mais surtout le gaz azote, dit M. Sillol, auteur d'une notice sur les thermes Mercader, sont en si grande abondance dans la source du Torrent, qu'ils troublent pendant quelques instants la transparence de l'eau et tapissent de nombreuses bulles gazeuses les parois du verre dans lequel on les reçoit. Une chose remarquable et qui ne rend pas peu agréable le bain, au moment où le baigneur s'y plonge, c'est cette myriade de petites bulles gazeuses qui recouvrent la surface du corps.

M. Anglada a analysé la source n° 1 de l'ancien établissement (établissement des Commandants) et M. Bouis, professeur de chimie à Perpignan, la source du Torrent (établissement Mercader). Nous donnons ici ces deux analyses que l'on pourra comparer.

Pour un litre d'eau :

	Analyse de M. Anglada.	Analyse de M. Bouis.
	gr.	gr.
Glairine......................	0,0090	0,0140
Hydrosulfate de soude cristallisé.	0,0593	0,0413
Carbonate de soude............	0,0571	0,1049
Sulfate de soude...............	0,0291	0,0183
Chlorure de sodium............	0,0121	0,0151
Silice........................	0,0496	0,0490
Carbonate de chaux............	0,0008	
Sulfate de chaux...............	0,0037	0,0050
Carbonate de magnésie.........	Traces.	
Alumine, traces de fer..........	»	0,0010

Propriétés médicales. — Prises avec modération, les eaux de Vernet ont une action tonique et stimulante qui se fait bientôt sentir sur tous les organes. Elles excitent l'appétit, augmentent la sécrétion des urines et la transpiration; le pouls devient plus fréquent. Lorsqu'on les prend en abondance, il survient des insomnies, de la céphalalgie, des inquiétudes dans les membres, de la chaleur à la peau et quelquefois des éruptions; les sueurs acquièrent une odeur de soufre très-prononcée.

Les maladies chroniques du larynx, de la poitrine, des voies digestives, des organes génito-urinaires, chez l'homme et chez la femme, sont traitées avec le plus grand succès par les eaux de Vernet; il en est

de même des dermatoses, soit simples, soit compliquées de syphilis ou d'accidents mercuriels. Les maladies chirurgicales, telles que les ulcères inertes, les
cicatrices douloureuses, les engorgements articulaires, les fausses ankyloses, sont toujours puissamment modifiées, quand elles ne sont pas complètement guéries, par l'heureuse influence de ces eaux.
Mais peu de malades, dit M. Bertrand, trouvent à
Vernet un soulagement plus rapide que ceux qui sont
atteints de rhumatismes musculaires ou articulaires
chroniques... Il arrive alors souvent que tels baigneurs qui n'ont pas eu depuis longtemps d'attaques
de rhumatismes se voient, à la fin d'une saison, en
proie à leur ancienne affection. Disons que ce retour
n'a rien d'alarmant; qu'il fait bientôt place à un
calme inattendu, et que, dans la pluralité des cas,
ce phénomène est d'un bon augure.

L'abus des eaux du Vernet ne serait pas sans danger et peut même quelquefois devenir pernicieux et
occasionner des accidents graves; il faut donc en
user avec les plus grandes précautions au début, et
on augmente ensuite graduellement cet usage, ou
bien on y renonce complètement, selon l'occur-
rence. L'eau se boit à jeun ou aux repas; dans le
premier cas, il sera bon de la couper avec du lait ou
de l'orgeat. La dose varie d'un quart de verre à trois
ou quatre verres. « Nous sommes dans l'usage, dit
M. le docteur Bertrand, ancien inspecteur des eaux
de Vernet, de faire prendre les eaux en boisson, à
jeun et avant l'heure du coucher; mais nous l'em-
ployons plus souvent encore pendant les repas, et

nous finirons probablement par adopter cette méthode, qui jusqu'ici nous a paru préférable; du
moins, les malades n'accusent jamais alors de pesanteur ni de fatigues d'estomac.

Les bains de Vernet sont ouverts toute l'année.

Médecins : { PERREAL, inspecteur pour l'établissement de
Mercader.
PIGTOWSKI, inspecteur pour l'établissement
des Commandants.

Arles-les-Bains ou Amélie-les-Bains.

Histoire et topographie. — Arles-les-Bains, appelé
aussi, depuis quelques années, en vertu d'une ordonnance royale, Amélie-les-Bains, est un village
de 500 habitants environ dont la fondation remonte
au XIVᵉ siècle. Il est situé près de la route qui va de
Perpignan en Espagne, sur la rive droite du Tech,
au confluent de cette petite rivière et du Mondony,
dans un beau vallon dont le fond est occupé par des
forges de fer et par de nombreux jardins disposés
en terrasse. Il est à 5 kilomètres d'Arles, chef-lieu
de canton, 8 kilomètres de Céret et 29 kilomètres
de Perpignan; son élévation est de 276 mètres au-
dessus du niveau de la mer. Il est disposé en amphithéâtre, au pied d'une colline sur laquelle Louis XIV
fit bâtir un fort que l'on appelle Fort-les-Bains, destiné à défendre le passage d'Espagne, et qui ne contribue pas peu au pittoresque du paysage. Des com-
munications fréquentes existent tous les jours entre
Perpignan et le village des bains. Quoiqu'on soit
au milieu des montagnes, le climat y est fort doux

16.

et l'on voit croître en pleine terre les productions méridionales les plus délicates : aussi la saison des bains y dure-t-elle plus longtemps que dans la plupart des autres thermes des Pyrénées, et l'on voit même des malades qui la prolongent, comme à Vernet, pendant tout l'hiver.

Les environs d'Amélie-les-Bains offrent le plus grand intérêt au voyageur et à l'artiste. La grande route qui borde le Tech est ombragée d'arbres magnifiques ; c'est le rendez-vous habituel pour la promenade. Non loin du village, les eaux du Mondony, resserrées entre deux roches qui s'élancent dans les airs en forme d'aiguilles, se précipitent en masse d'une grande hauteur et produisent ainsi une magnifique cascade que l'on appelle *la Douche d'Annibal*. On trouve aussi aux environs, dans la montagne de Batère, de riches mines de fer ; la curieuse grotte d'Eu-Pey, remarquable par son étendue, la multiplicité de ses accidents et la beauté de ses stalactites ; le vaste abîme connu sous le nom de la Fou, qui offre un aspect si sauvage et réveille de si profondes émotions ; le fort de Bellegarde, sentinelle avancée qui veille sur la frontière, du côté de l'Espagne. Enfin on ne manquera pas de visiter le pont de Céret, un des monuments les plus curieux des Pyrénées. Ce pont, jeté sur le Tech, est remarquable par la hardiesse de sa construction. Il est formé d'une seule arche dont l'ouverture est de 44 mètres, la largeur de 5 mètres, et l'élévation, de la clef de voûte au niveau des eaux ordinaires, de 29 mètres. Les archéologues ne sont pas d'accord sur l'époque de sa construction ; mais les paysans de la contrée racontent que le diable, ce grand acteur qui joue un rôle dans la plupart des légendes populaires du moyen âge, en fut l'architecte, et qu'il le bâtit dans une seule nuit.

Sources et établissements. — Les sources minérothermales se multiplient, autour du village d'Amélie-les-Bains, avec une profusion remarquable. Nous citerons les principales :

		Tempér.	
1º Le grand Escaldadou...........	61º	
2º Le petit Escaldadou...........	62º	50
3º La source Arago (1)...........	60º	
4º — Amélie...............	47º	
5º — Manjolet.............	43º	25
6º Gourg-Negre.................	44º	

Quoique composées à peu près des mêmes éléments à leur griffon, ces eaux varient cependant, par suite des altérations chimiques que quelques-unes d'entre elles subissent, avant d'arriver sur le lieu d'emploi. Elles n'en sont pas moins précieuses, malgré cela, pour l'usage thérapeutique ; et l'expérience a prouvé qu'on pouvait obtenir d'excellents résultats, à l'aide de ces sulfureuses dégénérées. Peut-être ne serait-il pas inutile, dans les thermes où les sources sont assez nombreuses, d'en destiner quelques-unes à ces modifications qui font retrouver en

(1) La famille Arago est originaire des Pyrénées-Orientales. Le nom de l'illustre savant est éminemment populaire dans ces contrées ; il est inscrit sur les places publiques et sur les principales rues des villes, et son portrait se trouve dans toutes les chaumières.

quelque sorte, comme dit Anglada, dans un même liquide, plusieurs espèces d'eaux minérales très-remarquables.

Les sources d'Amélie sont d'une parfaite limpidité, onctueuses au toucher, d'une saveur douceâtre, d'une odeur d'œufs durcis; elles déposent beaucoup de glairine et dégagent une grande quantité de gaz : enfin elles sont très-abondantes ; la source du Gros Escaldadou fournit, à elle seule, plus d'un million de litres par 24 heures.

M. Anglada, qui a analysé la plupart de ces sources, y a constaté la présence des mêmes principes, à des doses différentes. Voici les résultats de l'analyse du Gros Escaldadou.

Pour un litre d'eau :

	gram.
Glairine	0,0109
Hydrosulfate de soude	0,0396
Carbonate de soude	0,0750
Carbonate de potasse	0,0026
Chlorure de sodium	0,0118
Sulfate de soude	0,0421
Silice	0,0902
Carbonate de chaux	0,0008
Sulfate de chaux	0,0007
Carbonate de magnésie	0,0002
	0,3039

Les sources d'Amélie-les-Bains sont utilisées par deux établissements particuliers qui appartiennent aux docteurs Hermabessière et Pujade et par un établissement militaire que l'administration de la guerre vient d'y faire construire.

I. — *Etablissement Hermabessière.* — Ce sont les anciens thermes restaurés. Cet édifice se fait remarquer, dit M. Anglada, par ses formes colossales, par l'antiquité de son origine et par la majestueuse simplicité de son architecture. C'est un rectangle qui reçoit le jour par une ouverture pratiquée au sommet de la voûte ; il a 24 mètres de longueur sur 12 de largeur et 12 de hauteur, plus la hauteur de la voûte ; les murs ont 2 mètres 33 centimètres d'épaisseur, On y voyait une vaste piscine qui existait encore lorsque Carrère visita cet établissement, dans le dernier siècle ; elle avait 65 pieds de long sur 26 de large et 6 de profondeur. Des gradins régnaient tout autour ; un mur la séparait en deux parties, pour les deux sexes. — On s'accorde généralement à regarder cet établissement comme un ouvrage des Romains. L'empressement de ce peuple à utiliser les sources thermales, le genre d'architecture, la situation d'Arles, près du passage si fréquenté qui conduisait des Gaules en Espagne, par la vallée de Bellegarde, tout concourt à accréditer cette opinion.

Ces thermes furent donnés par Charlemagne, en 786, à un couvent de Bénédictins établi à Arles ; plus tard, ils ont appartenu à la commune, puis à divers propriétaires ; et ils ont subi des modifications importantes, sous chacun de ces maîtres. Enfin ils sont aujourd'hui la propriété du docteur Hermabessière, qui en a fait un des établissements les plus importants et les plus complets des Pyrénées. Il a placé sous la voûte de l'antique édifice vingt-

quatre cabinets de bains garnis de baignoires en
marbre, dont douze contiennent, en outre, les appareils nécessaires pour les douches de tout genre
et les bains de vapeur. Des bassins ont été établis
pour opérer la réfrigération de l'eau, à différents
degrés. Des logements sont groupés autour de la
salle des thermes, de telle sorte que les malades y
abordent, à l'abri de l'influence de l'air extérieur.
Ces logements se composent de cinquante-sept
chambres meublées avec convenance et propreté,
de salle à manger, de salon de compagnie, avec
journaux, livres, piano; de jardins, de remi-
ses, etc., etc. (1). Le propriétaire ne s'en est pas
tenu là; il a voulu encore disposer son établissement
pour les bains d'hiver, et il faut avouer qu'il a été
singulièrement secondé, dans cette entreprise, par la
douceur du climat, par l'abondance et la haute température de ses eaux, qui sont au nombre des plus
chaudes des Pyrénées.

« Grâce à une donnée première jetée dans nos
contrées par M. le professeur Lallemand, dit M. Hermabessière, j'ai pu, en 1846, réaliser une amélioration nouvelle, qui est de nature à faire une révolu-
tion dans la médecine hydrologique; je veux parler
du chauffage de l'établissement et de ses dépendances,
par l'eau thermale. A l'aide de cette innovation, mon
établissement peut être fréquenté toute l'année, et

(1) Le prix des chambres varie de 1 fr. à 2 fr. par jour
celui de la table d'hôte est de 4 fr.; les bains et les douches
sont fixés à 80 c., linge compris.

permet de traiter avec succès, pendant l'hiver, les affections qui ont tout à redouter des influences humides et froides de cette saison (1). »

II.—*Établissement Pujade.*—Quoique moins ancien que le précédent, puisqu'il est de construction récente, cet établissement n'en est pas moins pourvu, comme lui, de toutes les ressources balnéaires que l'on trouve dans les thermes les mieux organisés. Sa situation est des plus heureuses : lorsqu'on arrive par la route de Perpignan à Arles, on l'aperçoit de loin, au pied même des montagnes d'où jaillissent les sources minérales. — On peut venir descendre en voiture à la porte de l'établissement.

On trouve dans cet établissement des cabinets de bains fort propres et fort commodes, où les eaux sont administrées à différents degrés de température et de sulfuration, selon les indications; on y trouve un système complet de douches, des cabinets de vapeur, un bassin de natation et enfin des appartements destinés aux baigneurs, et chauffés par un appareil calorifère à la vapeur d'eau, qui y entretient toujours une douce température; ce qui fait qu'on peut, comme chez M. Hermabessière, y prolonger la saison des eaux pendant tout l'hiver. La hauteur du niveau des sources a permis de placer à tous les étages des cabinets de bains à côté des chambres de malades; de telle sorte qu'on peut se baigner sans sortir de chez soi et se remettre au lit après le bain.

(1) *Lettre de M. le docteur Hermabessière à l'auteur.* — Arles, 1851.

Au-devant de la maison se trouve une vaste cour en terrasse, avec une vue magnifique sur la vallée ; derrière, un grand jardin qui descend d'un côté, par de jolies allées, jusque dans un ravin où bouillonnent sans cesse les belles eaux qui tombent de la montagne, tandis que de l'autre côté l'on monte sans fatigue à la Cascade d'Annibal. Enfin la maison Pujade est une habitation de plaisance dont le séjour est aussi agréable aux hôtes bien portants qu'utile à ceux qui sont malades.

III. — *Etablissement militaire.* — Depuis longtemps, l'administration de la guerre sentait le besoin de fonder un établissement thermal dans une localité dont les sources, plus abondantes que celles de Barèges, fussent aussi efficaces, et c'est sur Amélie-les-Bains qu'elle a jeté les yeux : profusion de sources minérales très-chaudes et très-actives, fertilité du sol, beauté du climat, situation topographique, tout semblait dicter ce choix.

Le gouvernement vient donc d'élever dans ce lieu un bel établissement entretenu par la source du Gros Escaldadou, et où se trouvent des cabinets de bains et de douches, des étuves, un vaste bassin de natation, etc., et enfin des logements pour les soldats et pour les officiers. Il suffit, du reste, de nommer l'ingénieur qui a tracé le plan et dirigé les travaux de ces thermes, M. J. François, pour dire qu'ils sont construits avec tout l'art et toute l'habileté que comportent les établissements de ce genre, et de manière à tirer le meilleur parti possible des ressources thermales qu'offre la localité.

Propriétés médicales. — Les eaux d'Amélie-les-Bains sont surtout efficaces contre les affections rhumatismales ou arthritiques chroniques, les névralgies sciatiques, les maladies si nombreuses et si variées du système cutané, les affections des organes génito-urinaires, telles que catarrhe vésical, gravelle, engorgements prostatiques, engorgements du col de l'utérus, leucorrhée, les suppressions ou irrégularités du flux menstruel. On les emploie avec avantage dans les affections strumeuses, où elles hâtent la résolution des engorgements glandulaires, et modifient activement le vice scrofuleux ; dans les affections laryngées, bronchiques ou pulmonaires, à l'état de chronicité, et lorsqu'elles ne sont pas accompagnées de fièvres ; dans les accidents consécutifs de syphilis invétérée, et dans les désordres produits par le traitement mercuriel exagéré. Elles agissent de la manière la plus avantageuse dans les ulcères atoniques, fistuleux, les caries osseuses, les accidents consécutifs des fractures, des luxations, des entorses. Dans les plaies par armes à feu, elles hâtent l'expulsion des corps étrangers et favorisent la formation des cicatrices. Enfin, elles résolvent les engorgements articulaires et les fausses ankyloses. M. le docteur Hermabessière prétend qu'elles produisent les effets les plus salutaires, en provoquant une révulsion lente et soutenue sur le système cutané, et il les emploie contre toutes les maladies qui réclament ce genre de médication ; telles sont les affections de la poitrine ou de l'estomac ; certaines affections nerveuses, hypocondriaques ; les engorgements du foie, de la rate, et en général des viscères abdominaux. Par suite de ce traitement tonique, il a vu des malades, doués d'une excessive irritabilité de la peau, et qui éprouvaient des dérangements aux plus légers changements de température, acquérir une force de réaction qui leur avait été jusqu'alors inconnue.

Les eaux d'Amélie-les-Bains sont employées en boisson, pures ou coupées avec de l'eau d'orge, du lait, du sirop, etc.; en bains partiels ou généraux, entièrement minéraux ou mitigés avec l'eau de rivière; en bains de vapeur sulfhydrique naturelle; en douches, lotions, injections, à toutes les températures.

On exporte l'eau de la source Manjolet, laquelle peut se conserver sans altération, pendant quelques mois.

Médecins : { ANDRIEU, inspecteur.
PUJADE.
HERMABESSIÈRE.

La Preste.

Topographie. — Non loin des sources du Tech, au milieu d'une nature sauvage et tourmentée, se trouvent, sur un plateau élevé et dans une perspective des plus pittoresques, les Bains de la Preste. Le hameau qui leur donne son nom est situé à 2 kilomètres, à l'orient, sur le versant opposé d'une montagne qui les sépare ; à 56 kilomètres de Perpignan, 20 d'Arles et 8 de Prats-de-Mollo, le chef-lieu de la commune à laquelle il appartient. On y arrive par la route de Perpignan à Arles et à Prats-de-Mollo, qui suit la rive gauche du Tech, et sur laquelle il règne, pendant la saison des bains, une circulation active.

Les baigneurs ne manqueront pas d'aller visiter, dans les environs, la curieuse grotte de Britchot, remarquable par ses colonnes de stalactites et de stalagmites, espèce de labyrinthe dont les compartiments·se présentent sous des aspects si variés, dont les accidents cristallins produisent des jeux de lumière si merveilleux quand on les éclaire. Ils visiteront aussi les sources du Tech·qui sortent des flancs du *Costa-Bona*, et ils feront l'ascension de cette montagne dont on peut atteindre le sommet à cheval malgré sa grande élévation.

Sources et établissement. — L'établissement thermal, situé au bout d'une belle avenue et entouré de magnifiques plantations d'arbres, se présente avec tout l'attrait de la perspective la plus romantique. Longtemps, cet établissement ne consista qu'en un bassin recouvert d'une voûte antique, où les bains se prenaient en commun (1) : mais le docteur Hortet, propriétaire de ces thermes, y a établi huit cabinets de bains fort commodes, des douches, une buvette appelée Fontaine d'Apollon, enfin il en a fait, sur une petite échelle, un des établissements les plus agréables et les plus élégants des Pyrénées. De plus, il s'est appliqué à réunir en ce lieu tout ce qui peut contribuer à l'utilité et à l'agrément des baigneurs : une maison d'habitation avec des appartements propres et meublés avec goût, une table d'hôte bien servie ; autour de ce bâtiment

(1) On ne peut préciser à quelle époque remonte la fondation des bains de la Preste ; Carrère leur attribue une certaine antiquité.

règnent de magnifiques ombrages, des allées, des terrasses avec des belvédères d'où la vue s'étend au loin et domine un paysage des plus heureusement accidentés pour le coup d'œil. — Cinq ou six cents malades, venus des départements voisins, de la Catalogne et de l'Aragon, visitent chaque année cet établissement, depuis les premiers jours de mai jusqu'au 15 septembre.

On trouve à la Preste quatre sources d'eau minérale; une seule, la Grande-Source ou Source d'Apollon, est utilisée pour les besoins de l'établissement : elle fournit environ 310,000 litres par jour. L'eau a l'odeur et la saveur particulières aux eaux sulfureuses; elle dépose beaucoup de glairine et est savonneuse au toucher; sa température est à 44°.

Voici l'analyse obtenue par M. Anglada :

Pour un litre d'eau :

	gr.
Glairine.........................	0,0103
Hydrosulfate de soude...............	0,0127
Carbonate de soude	0,0397
Carbonate de potasse................	Traces.
Sulfate de soude.............	0,0206
Chlorure de sodium	0,0014
Silice.....................	0,0421
Carbonate de chaux.....	0,0009
Sulfate de chaux....................	0,0007
Carbonate de magnésie..............	0,0002
Perte................................	0,0051

Les eaux de la Preste facilitent la transpiration et augmentent le cours des urines ; aussi les emploie-t-on avec succès et d'une manière toute spéciale dans la gravelle, les catarrhes de la vessie, la cystite chronique, les engorgements prostatiques, les coliques néphrétiques et les autres maladies des organes génito-urinaires.—On les prescrit encore dans les embarras du tube digestif, dans les scrofules, les rhumatismes chroniques, les maladies cutanées, les engorgements articulaires et la goutte.

Ces eaux s'administrent en bains et en boisson, à la dose de deux à cinq verres par jour, pures ou coupées avec de l'eau d'orge, de chiendent, du lait, etc. Elles sont très-actives, ce qui nécessite beaucoup de prudence et de discernement dans leur emploi. On se gardera de les prescrire dans les affections inflammatoires, dans la pléthore, les congestions imminentes, l'hémoptysie, les palpitations, l'hypertrophie du cœur.

Molitg.

Topographie. — La route de Perpignan à Mont-louis est coupée, à Prades, par un embranchement qui se dirige vers le nord, et qui, après un parcours de 9 kilomètres à travers un pays varié, aboutit directement à Molitg, petit village de 600 habitants, dans l'arrondissement de Prades. Ce village est situé au milieu des montagnes, sur un plateau assez élevé dont une petite rivière arrose la base et dont le penchant est couvert de vignes et de jardins parfaitement cultivés. Les sources minérales jaillissent à 2 kilomètres du village, au pied de ce coteau rapide. Une avenue dont la pente a été habilement ménagée permet aux voitures d'y arriver sans difficulté.

Le château des anciens seigneurs de Molitg a été

restauré et meublé de manière à offrir aux baigneurs
des appartements confortables. Il existe en outre
dans le village un certain nombre de maisons élé-
gantes et bien situées, la plupart de construction
récente, où l'on trouve à se loger commodément et
à bon marché. Ce pays abonde en gibier, en poisson, en légumes et en fruits délicieux.

En face du village, du côté de l'ouest, se trouve
une montagne aride et sauvage, sur le sommet de
laquelle on voit les ruines du vieux château de Pa-
racols, le manoir féodal des anciens seigneurs de
la vallée ; on remarque encore dans les environs les
restes du couvent de Notre-Dame de Corbiac.

Sources et établissements. — Les sources de Molitg
jaillissent d'un terrain granitique au bord de la rivière ; leur température varie de 35° à 38°, condition
très-favorable qui permet de les administrer telles
qu'elles sortent du griffon. L'eau de ces sources offre
à peu près partout les mêmes propriétés physiques
et chimiques ; elle est limpide, incolore, elle répand
cette odeur d'œufs durcis qui caractérise les hydro-
sulfates humides placés au contact de l'air, et elle
produit à la peau une onctuosité savonneuse très-
marquée. Elle s'altère lentement.

L'analyse chimique a donné à M. Anglada :

Pour un litre d'eau :

	gr.
Glairine.................................	0,0033
Hydrosulfate de soude cristallisé.........	0,0136
Carbonate de soude.......................	0,0715
Carbonate de potasse.....................	0,0119
Sulfate de soude.........................	0,0111

	gr.
Chlorure de sodium........................	0,0168
Silice..	0,0411
Sulfate de chaux...., ...	0,0013
Carbonate de chaux.....................	0,0023
Carbonate de magnésie................	0,0002
Perte..	0,0030

M. Bouis, qui a analysé plus tard cette eau, n'y a trouvé que 0,0187 de sulfure de sodium, ce qui constitue une différence majeure.

Ces sources alimentent deux établissements thermaux peu considérables mais parfaitement entretenus, où l'on trouve des cabinets de bains fort propres avec baignoires en marbre; douches, buvettes, etc., et que l'on appelle : l'un, établissement Llupia, et l'autre, établissement Massia ou Mamet.

L'histoire de ces thermes est loin d'être aussi ancienne que celle des établissements que nous venons de visiter dans ces contrées; et les bains Llupia, les premiers fondés, ne comptent pas plus de soixante ans. Ces bains existaient seuls, lorsqu'en 1818 M. Anglada analysait les eaux minérales du département des Pyrénées-Orientales. Plus tard, les sources Mamet furent achetées par un particulier de ce nom, qui, rebuté des contrariétés qu'il éprouvait dans l'établissement public, leur fit construire, pour son usage particulier, une baraque en planches dans laquelle il plaça une baignoire. Enfin ces sources devinrent la propriété du marquis de Llupia, le fondateur des thermes, et la baraque en bois fit place à un nouvel établissement que l'insuffisance du premier rendait indispensable.

Propriétés médicales. — Les eaux de Molitg sont essentiellement excitantes, et provoquent souvent, les premiers jours, un léger mouvement fébrile ; ce qui exige, en commençant, une certaine modération dans leur usage. Elles augmentent la sécrétion des urines, de la transpiration, et stimulent les membranes muqueuses. On les emploie surtout avec succès dans les affections cutanées, spécialité qu'elles doivent probablement à la grande quantité de glairine qu'elles contiennent et qui lubrifie la peau et la rend douce au toucher, comme si elle était ointe d'une huile ; d'où leur est venu le nom de *bains de délices ;* cette propriété paraît encore très-favorable au traitement des plaies et des ulcères. Elles sont très-efficaces dans les scrofules, les embarras gastriques, les affections des organes génito-urinaires ; dans les maladies particulières aux femmes, l'hystérie, la chlorose, la suspension ou la trop grande abondance des menstrues, les engorgements du col de l'utérus. On les prescrit encore dans les rhumatismes chroniques, les douleurs articulaires, suite d'entorses ou de luxations.

Les eaux de Molitg sont administrées principalement en bains. La glairine les rend indigestes et pesantes à l'estomac, ce qui fait qu'on est obligé d'en boire très-peu et de les couper avec une boisson délayante.

La saison des bains commence, à Molitg, au 15 mai et finit aux derniers jours de septembre.

Médecin : Picon, Inspecteur.

Vinça.

Topographie. — La petite ville de Vinça, chef-lieu de canton, de 2,000 habitants, est située à l'extrémité d'une belle et riche vallée à laquelle elle donne son nom, sur la rive droite de la Tet, et sur la route qui va de Perpignan à Mont-Louis ; à 25 kilomètres de Perpignan et 9 kilomètres de Prades. — C'est un des sites les plus délicieux des Pyrénées.

Un établissement thermal d'un abord facile, et qui offre quelques logements assez commodes aux baigneurs, est situé à un kilomètre de la ville. Encouragé par les bons effets que les eaux de Vinça produisaient sur quelques paysans des environs, M. Escaugé le construisit en 1817. Il est très-fréquenté pendant la belle saison, à cause de la proximité de Perpignan.

L'eau de Vinça est d'une limpidité parfaite, onctueuse, d'une saveur sulfureuse, douceâtre et saline à la fois, laissant apercevoir un dégagement continu de petites bulles gazeuses, lorsqu'on la regarde à travers un verre ; elle dépose de la glairine. Sa température, n'étant que de 23° 50, oblige de la chauffer dans une chaudière couverte, pour l'administrer en bain, ce qui occasionne l'évaporation des gaz et d'une partie des principes sulfureux. La source ne débite que 25 mètres cubes environ par jour.

M. Anglada a fait l'analyse de l'eau de Vinça, qui a donné :

Pour un litre d'eau :

	gr.
Glairine....	0,0066
Hydrosulfate de soude................	0,0259
Carbonate de soude..................	0,0788
Sulfate de soude.....................	0,0443
Chlorure de sodium.................	0,0331
Silice...............................	0,0448
Sulfate de chaux..................	0,00305
Carbonate de chaux..................	0,00395
Carbonate de magnésie..............	0,00035

Propriétés médicales. — On conseille l'usage de ces eaux dans les maladies cutanées chroniques, les catarrhes chroniques des bronches, de la vessie ou de l'utérus, les douleurs nerveuses, l'inertie des organes digestifs. Elles sont administrées avec succès aux personnes dont la poitrine est délicate ou dont l'organisation est épuisée, et aux enfants atteints d'engorgements strumeux.—Elles réussissent encore dans les rhumatismes et la paralysie.

Les eaux de Vinça sont administrées surtout en boisson. La nécessité de faire chauffer l'eau pour les bains lui fait perdre, comme nous venons de le dire, une partie de ses vertus, et la rend peu active, ce qui fait qu'elle est peu usitée sous cette forme.

La saison des eaux commence aux premiers jours de mai et se prolonge jusqu'à la fin de septembre.

Médecins : } PACUIL.
VERGÉS.

Escaldas.

Topographie. —· Le, village d'Escaldas (Aguas Caldas) dans le canton de Sallagosa, doit probablement son nom aux sources thermales qu'on y trouve. Il est situé à 4 kilomètres de Livia, 6 de Puycerda (Espagne), et 80 de Perpignan. La hauteur à laquelle il est élevé, donne à son horizon une vaste étendue et domine les contrées pittoresques de la Cerdagne, sur le versant méridional des Pyrénées. La vie y est bonne et à bon marché, on y trouve surtout d'excellent gibier.—Malgré l'élévation, son climat est assez doux.

Les eaux d'Escaldas sont fréquentées par les habitants des contrées voisines La proximité des frontières y attire un grand concours d'Espagnols de la Cerdagne, de la Catalogne et même de Barcelone.

Établissements. — Ce village possède deux établissements de bains qui offrent tous les deux aux baigneurs des logements propres et commodes ; ce sont :

1º L'établissement Colomer, entretenu par la grande source, qui débite 795,541 mètres cubes d'eau par 24 heures. Il possède huit baignoires, dans six cabinets, deux douches, une buvette et une grande piscine pour les bains gratuits ;

2º L'Établissement Merlat, entretenu par la source de ce nom, moins considérable que la première : quatre baignoires et une buvette.

On trouve encore à Escaldas une troisième source qui n'est pas utilisée.

Propriétés physiques. — L'eau est limpide et transparente, ne louchissant pas à l'air ; elle est onctueuse au toucher, propriété qu'elle doit à une grande quantité de glairine qu'elle tient en dissolution et qui se dépose dans les bassins. Son odeur est sulfureuse, sa saveur rappelle celle des œufs durcis. Température : Grande source, 42°5, au griffon ; source Merlat, 33°75.

M. Anglada a fait l'analyse des deux sources ; comme elles diffèrent très-peu entre elles, sous le rapport chimique, et que, du reste, leurs propriétés médicales sont à peu près les mêmes, nous nous contenterons de donner ici l'analyse de la grande source.

Elle a produit :

Pour un litre d'eau :

	gr.
Glairine	0,0075
Hydrosulfate de soude	0,0333
Carbonate de soude	0,0274
Carbonate de potasse	0,0117
Sulfate de soude	0,0181
Chlorure de sodium	0,0064
Silice	0,0390
Carbonate de chaux	0,0003
Carbonate de magnésie	0,0005
Sulfate de chaux	0,0003

Propriétés médicales. — On emploie ces eaux avec beaucoup de succès, tant en bains qu'en boisson, dans les affections chroniques de la peau, soit simples, soit compliquées de syphilis; dans les rhumatismes chroniques, musculaires ou articulaires ; dans les engorgements scrofuleux ; dans les catarrhes chroniques des bronches, de l'utérus ou de la vessie.

Médecin : MAURY, inspecteur.

Olette et Thuez.

Sur la route qui va d'Olette à Mont-Louis, et sur la rive droite de la Tet, jaillissent, d'un terrain granitique disposé en amphithéâtre, les sources sulfureuses thermales que l'on appelle sources *des Graus d'Olette* (1).

Ces sources, qui forment peut-être le bassin sulfureux le plus remarquable de toutes les Pyrénées, sont réunies au nombre de plus de 30, sur une surface de 12 à 15 hectares. — Elles sont très-abondantes : d'après les calculs de M. Bouis, elles fourniraient environ 1,800 mètres cubes d'eau par 24 heures ; — leur chaleur varie de 28 à 78, degré le plus élevé que l'on ait encore signalé dans les eaux sulfureuses connues ; enfin elles s'annoncent au loin par un nuage de vapeurs aqueuses, et elles répandent une forte odeur sulfureuse.

---

(1) *Graus* est un mot catalan qui signifie degré (de *Gradus* sans doute). Ce passage est ainsi appelé parce que, il y a peu d'années encore, la route descendait de la montagne au bord de la rivière par un escalier rapide disposé en zigzag, qui était aussi appelé le Tourniquet. Ce sentier, alors dangereux et impraticable pour les voitures, est remplacé par une magnifique route qui traverse la montagne par un tunnel : c'est un des sites les plus beaux que l'on trouve entre Perpignan et Mont-Louis.

Analysée par M. Bouis, l'eau de la source de la Cascade a fourni :

Oxygène.. ⎱ volume non déterminé.
Azote.... ⎰

gr.

Sulfure de sodium	0,03010
Silice	0,16400
Carbonate de soude	0,03842
Potasse	0,00940
Soude	0,03841
Sulfate de soude	0,03200
Chlorure de sodium	0,03200
Chaux	0,00733

Alumine.. ⎫
Magnésie.. ⎪ Proportions trop minimes
Fer...... ⎬ pour être déterminées
Iode..... ⎭ isolément, évaluées à.. 0,04200

Composé azoté.................... 0,03600

0,45966

Un établissement renfermant quatre baignoires et autant de douches est mis, depuis quelques années, à la disposition des malades, pour expérimenter les propriétés médicales des eaux d'Olette et constater leur véritable indication. La direction de ce petit établissement est confiée à M. Puig, médecin distingué, qui a recueilli et publié un grand nombre d'observations très-remarquables, d'après lesquelles il résulte que les eaux sont administrées avec le plus grand succès dans les rhumatismes musculaires ou nerveux, dans les affections nerveuses générales, dans les entorses et les luxations ; dans les maladies des organes digestifs et des voies urinaires, enfin dans les dartres invétérées. Il ne faut pas oublier que ces succès ont été obtenus dans un lieu où manque encore tout le confortable nécessaire pour donner à l'usage des eaux toute l'efficacité possible.

Et maintenant, pour nous résumer, nous croyons que, par leur heureuse disposition, par leur abondance, par leur composition chimique, par leur température, et nous pouvons dire par leurs vertus curatives, les eaux des Graus d'Olette, placées sur une belle route qui relie l'Espagne à la France, sont appelées à jouer prochainement un rôle important dans la thérapeutique ; nous croyons que si jamais un établissement est créé, qui sache mettre à profit toutes les ressources qu'offrent ces eaux, cet établissement occupera un des premiers rangs parmi les thermes les plus renommés et les plus fréquentés d'Europe.

La source connue sous le nom de Bains de Thuez est comprise dans le groupe des Graus d'Olette. Cette source est reçue dans un bassin creusé en plein air, au milieu d'un champ cultivé et dans lequel viennent se baigner les paysans des environs. « En sortant du bain, dit M. Anglada, les malades se réfugient dans une excavation creusée dans la montagne. » Les eaux de Barèges, de Saint-Sauveur et de plusieurs sources des plus célèbres n'ont pas eu une autre origine, ce qui prouve, soit dit en passant, que pour produire de bons effets, les eaux minérales n'ont pas toujours besoin, comme on l'a prétendu, d'être entourées des attraits du luxe et des plaisirs ou des douceurs d'une vie confortable.

Médecin : Puig, inspecteur.

Castera-Verduzan.

Topographie. — Sur la grande route d'Auch à Condom, à 15 kilomètres environ de chacune de ces deux villes, à 116 kilomètres de Bordeaux, 90 de Toulouse, et 62 d'Agen, on trouve le joli village de Castera-Verduzan et son établissement thermal, situés au fond d'un fertile et riant vallon, au milieu d'agréables paysages qui peuvent servir de but de promenade aux étrangers. Là l'air est vif et pur, le climat tempéré, la campagne bien cultivée, ce qui fait que les habitants sont heureux et aisés, et qu'on s'y procure à bon marché les objets nécessaires aux besoins ou aux agréments de la vie. Ce village doit une certaine importance à son établissement thermal qui, indépendamment de la vertu de ses eaux, a encore le mérite de posséder la source sulfureuse la plus rapprochée de Bordeaux, d'Agen et de Toulouse.— Aussi, outre le concours assez considérable de malades qui viennent y chercher la santé, le Castera est encore fréquenté chaque année, dans la saison des vacances, par un certain nombre de jurisconsultes, d'hommes d'étude ou de cabinet qui sont attirés par l'attrait des plaisirs et de la bonne compagnie qu'on y trouve ; — et, peut-être aussi, i faut bien le dire, par la bonne chère que l'on fait à l'hôtel des Bains.

Sources et établissement. — Les sources de Cas-

tera-Verduzan jouissent d'une certaine ancienneté.
D'après le rapport de Raulin, inspecteur des eaux
minérales de France, Louis XV confia à l'intendant
d'Étigny le soin de faire construire la Grande-Fontaine aux frais de sa cassette privée. En 1817, un
philanthrope éclairé, M. le marquis de Pins, propriétaire actuel des eaux, a remplacé ces constructions
anciennes par un établissement nouveau dont l'architecture est élégante et de bon goût; cet établissement possède vingt-huit baignoires en marbre, placées au niveau du sol, dont deux sont réservées
pour les indigents, auxquels les bains sont accordés
gratis; d'un système complet de douches et de
deux buvettes. Un salon et des logements commodes, destinés aux baigneurs, occupent la partie supérieure de l'édifice. Il est alimenté par deux sources
qui jaillissent très-près l'une de l'autre. La plus
abondante, appelée *Grande-Fontaine*, est sulfureuse;
elle fournit à vingt-deux baignoires; l'autre, appelée *Petite-Fontaine*, est ferrugineuse, et n'entretient
que six baignoires. La réunion de ces deux sources
dans le même établissement offrant un double
moyen thérapeutique, y attire chaque année un
concours de quinze cents à deux mille baigneurs.

SOURCE SULFUREUSE.

La source sulfureuse fournit 19,440 litres par
heure, d'une eau très-limpide, de saveur douceâtre
et nauséabonde. Cette eau exhale une forte odeur
de foie de soufre ou d'œufs couvis; elle noircit
l'argent, laisse dégager des bulles de gaz hydrogène

sulfuré et dépose beaucoup de matière glaireuse. Sa
température est de 24°, et ne varie pas, malgré les
changements de l'atmosphère.

M. Manas, de Condom, a traité cette eau par les
réactifs et en a obtenu du gaz hydrogène sulfuré, du
gaz acide carbonique, de l'acide hydrochlorique, de
l'acide sulfurique, de la chaux et de la magnésie.
20 kilogrammes de cette eau, évaporés jusqu'à siccité, ont donné un résidu pesant 25 grammes 6 décigrammes. Ce résidu, envoyé à Paris et analysé par
Vauquelin, a fourni ce qui suit :

		gr.
Humidité.		0,20
Sels solubles composés de	Muriate de chaux...........	0,50
	Matière animale.............	0,22
	Sulfate de chaux...........	0,20
	Sulfate de soude...........	0,10
	Muriate de soude et traces de sous-carbonate.......	0,13
Sels insolubles composés de	Sulfate de chaux	1,56
	Carbonate de chaux.........	0,81
	Matière animale...........	0,08

SOURCE FERRUGINEUSE ( ).

La source ferrugineuse fournit 11,040 litres par
heure. Son eau est froide, limpide, inodore, incolore, de saveur styptique , fraîche , métallique;
elle exhale des bulles de gaz acide carbonique, et
dépose un sédiment ochracé ou rouillé légèrement

(1) Pour éviter des répétitions, nous avons cru devoir donner ici la description de cette source dont la place était marquée au chapitre V.

onctueux. Sa quantité et sa transparence ne varient jamais, quels que soient les changements de l'atmosphère.

Le chimiste de Condom déjà cité a soumis cette eau à l'action des réactifs, et y a trouvé du fer, du gaz acide carbonique, de l'acide hydrochlorique, de l'acide sulfurique, de la chaux et de la magnésie. 20 kilogrammes de cette eau, évaporés à siccité, ont donné un résidu qui pesait 27 grammes, et qui, analysé par Vauquelin, a fourni :

		gr.
Sels solubles composés de	Muriate de chaux..........	0,70
	Matière animale.......... ..	0,10
	Sulfate de chaux..........	0,16
	Sulfate de soude..........	1,45
	Muriate de soude et traces de carbonate.....	0,10
Sels insolubles composés de	Matière animale...........	0,10
	Sulfate de chaux..........	1,14
	Carbonate de chaux.......	0,83
	Oxyde de fer.............	0,20

Propriétés médicales. — Les eaux de Castera-Verduzan sont administrées en boisson, en douches et en bains ; mais, pour l'usage externe, on est obligé, le plus souvent, à cause de leur température peu élevée, de les chauffer artificiellement, ce qui leur fait perdre une partie de leur vertu. Il arrive fréquemment que l'on associe les deux sources de manière à donner l'une en boisson, tandis que l'autre se prend en bains ; et l'on obtient d'excellents résultats de cette combinaison. Ces eaux sont douces, tempérantes, sédatives, leur action peu énergique conviént surtout aux femmes, aux enfants, aux tempéraments faibles et délicats dont l'irritabilité nerveuse ne pourrait pas supporter l'action de sources énergiques telles que Barèges ou Luchon.

On recommande l'eau de la source sulfureuse dans les rhumatismes chroniques, les affections cutanées, les gastralgies, la gravelle, les engorgements scrofuleux et les ulcères inertes, les obstructions des voies digestives, les catarrhes bronchiques, la phthisie commençante.

L'eau de la source ferrugineuse est employée avec le plus grand succès dans l'aménie, la chlorose, les fleurs blanches, les dérangements de la menstruation, les palpitations de cœur et les affections nerveuses. « Ces eaux conviennent surtout au tempé-« rament des femmes et aux maladies qui sont pro-« pres à ce sexe. »

La saison des eaux commence au 15 mai et dure jusqu'à la fin d'octobre.

Médecin : MAURICE MATET, inspecteur.

EAUX SULFUREUSES DU DÉPARTEMENT DES LANDES.

Gamarde.

Le bourg de Gamarde, chef-lieu de canton, est situé à 12 kilomètres de Dax, 60 de Bayonne et 144 de Bordeaux, dans une position agréable et champêtre où l'on respire un air pur et sain. A 1 kilomètre du bourg, on trouve, sur la rive gauche d'un petit ruisseau appelé le Louts, plusieurs sources sulfureuses accidentelles parmi lesquelles on en distingue une nommée Source des Deux-Louts. Il y a un petit éta blissement avec baignoires, douches, buvette et des appartements commodes pour les baigneurs. — On y trouve aussi une source ferrugineuse.

L'eau de la source sulfureuse est limpide ; elle a la saveur et l'odeur particulières aux eaux sulfureuses ; elle laisse dégager des gaz et dépose de la glairine ; sa température est froide.

Elle a été analysée par M. Salaignac, qui en a obtenu :

Pour un litre d'eau

	litre.
Acide hydrosulfurique	0,168
Acide carbonique	0,100

	gr.
Chlorure de magnésium	0,088
Chlorure de sodium	0,700
Sulfate de chaux	0,120
Carbonate de chaux	0,228
Carbonate de magnésie	0,025
Matière grasse résineuse	0,010
Matière extractive végétale	0,011
Silice	0,012

Cette source passe pour produire d'excellents effets dans tous les cas où les eaux sulfureuses sont indiquées ; mais, surtout, dans les rhumatismes chroniques et dans les engorgements articulaires.

Penticosa.

Espagne.

En plaçant à la fin de notre recueil des eaux sulfureuses des Pyrénées la description de celles de Penticosa qui se trouvent en Espagne, nous avons pour but de compléter autant que possible ce recueil, plutôt que de proposer l'usage de ces eaux à nos compatriotes. Sans vouloir contester le moins du monde les vertus des thermes de Penticosa, et, toute espèce d'amour-propre national à part, nous croyons pouvoir assurer aux malades français qu'ils trouveront mieux en France sous tous les rapports. Cependant, nous conseillerons aux baigneurs qui se trouvent aux Pyrénées, surtout à ceux de Cauterets, des Eaux-Bonnes ou des Eaux-Chaudes une visite à Penticosa comme but d'une excursion intéressante, et, s'ils se sentent assez de courage pour affronter les fatigues d'un voyage à cheval de trois jours, nous leur promettons, nous qui avons fait ce voyage, qu'ils en seront amplement dédommagés par la variété et le pittoresque des paysages qu'ils trouveront sur la route, et par les vives impressions qu'ils en rapporteront.

Le village de Penticosa est situé dans la province d'Aragon, au sud de Cauterets, à six heures de marche environ de la frontière; il est au fond d'une belle vallée que l'on nomme la vallée de Tena.

L'établissement thermal est placé sur la montagne, à une heure et demie de marche du village. On y monte par une route âpre et rocailleuse, nommée *el Escalar* (l'Escalier), bordée de précipices, et qui, en certains endroits, laisse à peine le passage pour un cheval. Cette route s'attache aux flancs de la montagne, la contourne et l'enlace dans ses replis, comme un serpent, et la gravit jusqu'au sommet (1). A mesure que l'on s'élève, l'horizon s'agrandit et la scène prend un aspect à la fois sauvage et grandiose ; enfin vous arrivez à l'établissement qui est bâti au bord d'un lac ; vous trouvez là un hôtel, composé de trois corps de bâtiments, qui offre des logements aux baigneurs et aux visiteurs, et une table d'hôte assez confortablement servie par un maître d'hôtel français.

Ce pays est d'un aspect triste et sombre ; il n'offre aucun des plaisirs et des moyens de distraction que l'on sait si bien se procurer dans nos thermes, et qui sont si nécessaires aux malades qui fréquentent les eaux. On trouve là le costume espagnol, dans toute son originalité pittoresque. Les hommes se promènent gravement et silencieusement, en fumant le *cigarito*, drapés dans leurs longs manteaux, le *sombrero* à larges bords sur la tête et la ceinture rouge autour des reins. Les femmes y ont généralement un aspect moins grave et moins solennel, et l'on voit briller çà et là, sous les mantilles, des yeux noirs remplis d'une ardeur toute méridionale.

---

(1) Le village de Penticosa est à peu près inaccessible du côté de l'Espagne, et les Espagnols qui veulent s'y rendre, viennent pour la plupart à Bayonne et attaquent la montagne par la vallée des Eaux-Chaudes. On trouve ordinairement à Gabas des mulets ou des chevaux pour aller jusqu'aux bains.

Les thermes de Penticosa se composent de trois sources séparées. Les deux premières entretiennent deux établissements où se trouvent les baignoires et une buvette ; la troisième, qui n'est employée qu'en boisson, est enfermée dans un pavillon qui porte pour inscription : *Templète de la Salud* (Temple de la Santé).

Ces sources ont été concédées à perpétuité, par le gouvernement espagnol, à un fermier, à charge de payer à la commune qui en est propriétaire une rente annuelle de 60,000 *réaux* (environ 15,000 francs). En 1849, les bains ont été visités par trois cents baigneurs environ. La saison commence au 15 juin, et vers le 10 septembre, le froid et les neiges ne permettent plus d'y séjourner.

Les eaux des sources de Penticosa sont limpides, onctueuses, d'une saveur et d'une odeur sulfureuses très-prononcées. Nous n'avons pu, malgré tous nos efforts, nous en procurer une analyse.

Chacune de ces sources passe pour avoir des propriétés médicales différentes. Celle qui paraît la plus sulfureuse est affectée aux maladies de la peau, aux ulcères, aux douleurs articulaires, aux rhumatismes. La seconde est employée contre les maladies chroniques de l'estomac et de la poitrine; enfin, on administre la dernière dans les engorgements des viscères abdominaux, les maladies de l'utérus et les affections nerveuses.

CHAPITRE V.

DES EAUX FERRUGINEUSES, ACIDULES-GAZEUSES ET SALINES

DES PYRÉNÉES.

DÉPARTEMENT DES BASSES-PYRÉNÉES.

Saint-Christau.

Topographie. — Au pied du mont Binet, dans un des plus jolis sites de la vallée d'Aspe, à 8 kilomètres au sud d'Oloron, on trouve, dans la commune de Lurbe, les bains de Saint-Christau. Ces bains, qui n'étaient fréquentés autrefois que par les habitants de la contrée, voient affluer aujourd'hui à leurs sources une certaine quantité d'étrangers qui y viennent, attirés par les améliorations dont ils ont été l'objet de la part de leur nouveau propriétaire, M. le comte de Barraute, et par les soins qu'il a pris pour en rendre le séjour agréable.

Trois maisons parfaitement meublées, appartenant au propriétaire des bains, offrent aux étrangers, pour des prix modérés, des appartements commodes, une excellente table d'hôte et un salon de société avec des livres, des journaux, un billard, un piano, etc. Les amateurs de courses trouveront dans les environs des paysages dignes de leur admiration. La chasse et la pêche leur promettent aussi les plus beaux succès.

Sources et *établissements*. — Il y a à Saint-Christau deux établissements : les bains du *Pré* ou de la *Rotonde* et les bains *vieux* ou *bains des dartres* qui exploitent quatre sources :

1° Une source froide, chargée d'hydrosulfate de soude, dite *source des dartres ;*

2° Deux salines, la source de la *prairie* et la source du *pêcheur* (celle-ci n'est utilisée qu'en boisson) ;

3° Une ferrugineuse dite *Fontaine des Arceaux.*

La première de ces sources, comme l'indique son nom, est surtout employée dans les affections cutanées, dans les vieux ulcères, les engorgements scrofuleux, les ophthalmies.

Les autres réussissent surtout contre les affections nerveuses, les gastralgies, les gastro-entérites chroniques, les engorgements du foie, les affections des reins et de la vessie, la chlorose, les fleurs blanches et les troubles dans le flux menstruel.

Médecins : { DARCET, inspecteur.
{ BROCA, adjoint.

Cambo.

On trouve à Cambo une source ferrugineuse attachée à l'établissement thermal et dont nous avons donné la description au chapitre précédent. (*Voir* page 116.)

DES EAUX FERRUGINEUSES, ACIDULES-GAZEUSES ET SALINES
DU DÉPARTEMENT DES HAUTES-PYRÉNÉES.

Bagnères-de-Bigorre ou Bagnères-Adour

Topographie. — La petite ville de Bagnères-de-

Bigorre, chef-lieu de sous-préfecture, à 774 kilomètres de Paris, 144 de Toulouse, 21 de Tarbes, et à
580 mètres environ au-dessus du niveau de la mer,
est située dans une position des plus heureuses, sur
les bords de l'Adour, au seuil de la vallée de Campan.
— Sa population est de 8,000 habitants environ.

On y arrive par la route de Tarbes qui traverse
une plaine fertile et bien cultivée, et par la route
de Toulouse, moins unie et plus accidentée que la
première.

Cette ville est sans contredit une des plus gracieuses, des plus agréables et des plus coquettes que
nous ayons en France. Des ruisseaux d'une eau
claire et limpide coulent dans toutes les rues et y
entretiennent la fraîcheur et la propreté.

Le voisinage des montagnes, sa position pittoresque, les belles promenades qui l'entourent, la
douceur de son climat, l'aménité de ses habitants,
le grand nombre et la variété de ses sources thermales, tout contribue à en faire un séjour de délices.
Aussi est-elle visitée, chaque année, par une affluence
considérable d'étrangers. C'est le rendez-vous d'une
grande partie de tout ce beau monde désœuvré et
ennuyé du séjour des grandes villes, qui vient chercher dans les Pyrénées un air frais, des plaisirs,
des distractions et, quelques-uns, la santé. La plupart des malades qui quittent les autres thermes
ne rentrent pas chez eux avant d'avoir visité Bagnères. C'est là, souvent, qu'ils viennent s'essayer,
après leur guérison, au bonheur et aux jouissances
de la vie, dont ils avaient été longtemps privés par

la maladie; et, à la fin de la saison, nous avons vu aux bals de Frascati tel malade danser la polka avec beaucoup de grâce et de légèreté, qui, deux mois auparavant, était parti de chez lui avec des béquilles.

On trouve à Bagnères, des hôtels tenus dans le dernier goût (1), des appartements commodes et élégants, des provisions abondantes de toute espèce, de beaux cafés, des cabinets de lecture, des réunions et des bals, une salle de spectacle où les premiers artistes de Paris et de la province viennent se faire entendre.

Les principales promenades de Bagnères sont : les Coustous, au centre de la ville, allées plantées d'arbres magnifiques, bordées, de chaque côté, par de fort belles maisons, et sans cesse animées par une foule de promeneurs; les allées Maintenon; l'avenue de la source de Salut, chemin délicieux, plein de fraîcheur et d'agrément; les allées sinueuses et ombragées qui côtoient le penchant du Mont-Olivet, du haut desquelles la vue s'étend sur le magnifique panorama de la ville et de ses environs; enfin le chemin de la *Fontaine ferrugineuse*. — Il y a, à Bagnères, une fort belle marbrerie, dirigée par M. Geruzet, où le marbre, comme une argile, revêt toutes les formes, et dont la réputation est devenue européenne : la visite de ces ateliers est

(1) Les principaux sont : l'hôtel de Paris sur la promenade des Coustous; l'hôtel de France, boulevard du Collége; l'hôtel Frascati où se tient le cercle de ce nom; l'hôtel du Bon-Pasteur et celui du Grand-Soleil.

extrêmement intéressante pour les étrangers. On trouve encore dans la ville une fabrique de papier.

Les excursions peuvent se multiplier à l'infini, aux environs de Bagnères. Les points les plus intéressants, ceux qu'on ne doit pas se dispenser de visiter sont : la vallée de Campan, si justement célèbre, le village et la grotte de ce nom, à 4 kilomètres de Bagnères ; l'Élysée Cottin ; la fontaine sulfureuse de Labassère, d'où l'on revient par le camp de César ; les allées de Maintenon ; la vallée de Lesponne, à l'extrémité de laquelle on trouve le lac Bleu et le lac Vert ; la pène de l'Héris et le puits d'Arris, dont jamais personne n'a sondé la profondeur mystérieuse ; le village de Medous, l'abbaye de l'Escaledieu et, au-dessus, le donjon féodal de Mauvezin fièrement campé sur son rocher, la petite ville d'Arrau et les bains de Cadéac ; enfin on va à Barèges par Gripp et le Tourmalet et on fait l'ascension du pic du Midi, aisément accessible, même pour les dames : pour faire cette dernière excursion, il est important de choisir un beau jour, afin de n'être pas privé du magnifique panorama que l'on découvre du haut de cette montagne. — Tous ces lieux offrent le plus grand intérêt à l'artiste, au philosophe et au naturaliste.

Sources et établissements. — Les sources minérales de Bagnères étaient très-fréquentées par les Romains qui avaient donné à cette ville le nom de *Vicus Aquensis ;* le grand établissement est bâti sur des débris de piscines romaines découvertes récemment, en creusant ses fondements. Ces sources sont en très-grand nombre. Il suffit, du reste, de fouiller la terre à une certaine profondeur pour voir jaillir l'eau minérale. Elle sourd à travers un banc de sable ou de gravier.

Le vaste et magnifique établissement, qu'on appelle les Thermes de Marie-Thérèse, de construction récente, bâti en marbre des Pyrénées, avec un goût et une richesse remarquables, est le plus important de Bagnères; il est entretenu par sept sources qui sont :

			Température.
1º La source	du Dauphin..	48º 50 c.
2º —	de la Reine.............	46º 50
3º —	du Roc-de-Lannes.......	45º 80
4º —	de Saint-Roch..........	41º 50
5º —	du Foulon.............	34º
6º —	de la Fontaine-Nouvelle..	41º
7º —	des Yeux..............	30º

Cet établissement, un des plus beaux et des plus complets des Pyrénées, est situé à l'extrémité de la ville, au pied des allées du Mont-Olivet. Il est construit sur deux étages et présente : vingt-huit cabinets de bains, précédés chacun d'un vestiaire; quatre cabinets de douches; une étuve avec lits de repos; deux buvettes et des chauffoirs. — Indépendamment de ces objets, destinés au traitement des malades, on y a encore ménagé, pour leur agrément, un beau salon de réunion, un cabinet de lecture, une salle de billard, etc.

Outre ce grand établissement, on trouve encore à Bagnères plusieurs bains particuliers parfaitement tenus, ce sont :

1º Les bains de la *Villa Théas*, sur la place des

Thermes, au pied du Mont-Olivet. Cet établissement possède trois baignoires, deux douches (température : 51°) et offre des logements commodes aux malades, avec des jardins, de frais ombrages et une vue magnifique sur la vallée. Les thermes de la villa Théas ont acquis une nouvelle importance depuis que le propriétaire a eu l'heureuse idée d'y établir une buvette de l'eau sulfureuse de Labassère (voir au chap. précédent, l'article Labassère, page 149);

2° Les *Bains de Salut,* à 600 mètres de la ville, composés de dix baignoires et d'une buvette fort renommée et fréquentée par la majeure partie des baigneurs qui s'y rendent comme but de promenade; trois sources. Température : de 31 à 33°;

3° Les *Bains du Grand-Pré,* situés à l'extrémité de la ville, sur la promenade de Salut. — Ils contiennent quatre baignoires en marbre et une buvette. C'est un des établissements les plus importants et les plus suivis de Bagnères. Température : 30°;

4° La *Guttière* ou *Frascati* possède dix baignoires en marbre, toutes les variétés de douches et un appareil fumigatoire. Température : 40°;

5° Les *Bains de Santé.* — Un des établissements les plus propres et les plus élégants de Bagnères. On y trouve six baignoires en marbre et une buvette. Température : 31° 50;

6° *Carrère-Lannes.* — Établissement situé sur l'avenue de Salut, présente quatre baignoires dans autant de cabinets fort propres, et une buvette. Température : 31° 50;

7° Les *Bains de Bellevue,* situés sur le penchant

du Mont-Olivet, au-dessus des thermes de Marie-Thérèse. Cet établissement renferme dix cabinets de bains et trois douches. Sa position lui donne une perspective admirable sur la ville et les environs, ce qui lui a valu son nom ; mais il est négligé et mal tenu. Il n'y a point de source particulière, et il est alimenté par un filet détourné de la source de la Reine. Température : 46° ;

8° *Versailles.* — Établissement situé sur le chemin de Salut ; quatre baignoires en marbre, deux sources. Température : 34° 80 et 27° 50 ;

9° Les *Bains de Cazeaux.* — A gauche du grand établissement ; fort propres et bien tenus ; six baignoires et deux douches alimentées par deux sources. Température : 51° 50 et 41° 60 ;

10° *Bains de Lasserre,* dans la rue de la Comédie. — Établissement bien tenu ; renferme deux buvettes et quatre baignoires en marbre, le tout alimenté par trois sources. Température : 48° ;

11° Les *Bains de Pinac.* — Cet établissement, situé non loin du précédent, dans la rue de la Comédie, possède une buvette et six baignoires en marbre alimentées par six sources, dont une est sulfureuse accidentelle. Température : 42 et 35° ; température de la source sulfureuse : 20° ;

12° Les *Bains de Mora.* — Dans un état de délabrement complet ; deux baignoires. Température : 49° ;

13° Les *Bains du Petit-Prieur.* — Appartenant à l'hôpital ; deux baignoires. Température : 36° ;

14° Le *Petit Barèges.* — Deux bains. Température : 31° ;

15° Les *Bains de Lapeyrie,* situés sur l'avenue de Salut. — Trois baignoires en marbre. Température : 27° ;

16° La *Fontaine ferrugineuse,* située au bout d'une belle avenue, sur le 'penchant du Mont-Olivet, à 500 mètres de la ville. — Pas de bains ; une buvette très-fréquentée. Température froide.

Propriétés physiques. — Les eaux de Bagnères sont claires et limpides ; la plupart rudes au toucher ; en général, elles n'ont point d'odeur, excepté la source sulfureuse de Pinac qui répand une odeur hépatique ; leur saveur est fade et légèrement saline. La source ferrugineuse a un goût d'encre. — Elles déposent presque toutes, dans les canaux et les réservoirs, un sédiment ochracé.

Les eaux de Bagnères renferment à peu près les mêmes principes, ce qui a fait penser qu'elles avaient toutes un réservoir commun, opinion que nous serions assez disposé à adopter. Ainsi elles sont toutes thermales ; on trouve dans toutes, en plus ou moins grande quantité, du gaz acide carbonique, du chlorure de sodium, de la silice, du sulfate de soude ou du sulfate de magnésie ; enfin les unes contiennent du sous-carbonate de fer, tandis que les autres n'en contiennent pas, ce qui doit être d'une grande importance dans l'appréciation de leurs aptitudes thérapeutiques. Nous empruntons aux travaux de M. le docteur Ganderax et de M. Rosière, pharmacien à Tarbes, l'analyse de quelques sources principales que nous mettons ici sous les yeux des lecteurs, dans un tableau synoptique (voir ci-après).

ANALYSE DES EAUX SALINES DE BAGNÈRES-DE-BIGORRE

(EAU 1 LITRE.)

SUBSTANCES CONTENUES DANS LES EAUX.	SOURCE DE LA REINE.	SOURCE DU DAUPHIN.	BAINS DU FOULON.	BAINS DU GRAND PRÉ.	BAINS DE SANTÉ.	BAINS DE CARRÈRE-LAUNES.	BAINS DE CAZEAUX.	BAINS DE THÉAS.	BAINS DE LASSERRE.	BAINS DE LA GUTTIÈRE.	BAINS DE PINAC.
Acide carbonique........	q. ind.	q. ind.	q. ind.	q. ind.	q. ind.	q. ind.	q. ind.	q. ind.	q. ind.	q. ind.	q. ind.
	gr.	gr.	gr.	gr.	gr.	gr.	gr.	gr.	gr.	gr.	gr.
Chlorure de magnésium..	0,130	0,104	0,142	0,204	0,214	0,222	0,250	0,196	0,172	0,340	0,249
Chlorure de sodium......	0,062	0,040	0,326	0,084	0,075	0,067	0,112	0,114	0,046	0,062	0,190
Sulfate de chaux........	1,680	1,900	0,158	1,560	0,504	1,576	1,716	1,852	1,832	1,876	1,396
Sulfate de soude.........	0,396	0,400	0,000	0,000	0,000	0,000	0,000	0,376	0,000	0,000	0,000
Sulfate de magnésie......	0,396	0,000	0,127	0,380	0,396	0,324	0,478	0,000	0,408	0,036	0,287
S. carbonate de chaux ...	0,266	0,142	0,124	0,396	0,260	0,260	0,160	0,156	0,230	0,160	0,436
S. carbonate de magnésie.	0,044	0,019	0,072	0,052	0,059	0,058	0,050	0,022	0,062	0,036	0,076
S. carbonate de fer.......	0,080	0,114	0,000	0,028	0,000	0,000	0,098	0,088	0,018	Traces	0,060
Substance grasse résineuse	0,006	0,009	0,012	0,005	0,008	0,004	0,006	0,010	0,004	0,005	0,008
Subst. extractive végétale.	0,006	0,008	0,005	0,006	0,008	0,008	0,012	0,009	0,007	0,007	0,010
Silice..................	0,036	0,044	0,010	0,040	0,030	0,056	0,032	0,048	0,040	0,048	0,043
Perte..................	0,054	0,020	0,034	0,025	0,029	0,033	0,044	0,045	0,021	0,032	0,045

M. Vauquelin qui a analysé le produit de l'évaporation de la source ferrugineuse y a trouvé du carbonate et du muriate de potasse, de l'oxyde de fer,
de l'alumine unie à la potasse et à la silice ; c'est
le fer qui prédomine. — La source connue sous le
nom de *Fontaine des Demoiselles Carrère* a donné
les mêmes résultats.

Propriétés médicales. — Les eaux de Bagnères-de-
Bigorre, comme toutes les eaux minérales, ont été
recommandées et préconisées dans la plupart des
maladies chroniques. « Quoique administrées comme
remède, depuis des siècles, dit M. Lemonnier, ces
eaux sont peut-être aujourd'hui les moins bien
connues de toutes celles que produit le versant septentrional des Pyrénées ; aussi l'usage que l'on en fait
est-il rarement le plus convenable. » Cela tient sans
doute à la nature même de ces eaux, qui agissent
moins sur des maladies franches et décidées, au
diagnostic parfaitement déterminé, que sur ces affections obscures et vagues, sans caractère, sans règle et sans siége appréciables, véritables Protées qui
revêtent toutes les formes, échappent à toutes les
conjectures et trompent les efforts de la thérapeutique la mieux dirigée. C'est aussi pourquoi ces eaux
conviennent surtout aux hommes de lettres ou de
cabinet, aux esprits fatigués par les longues veilles,
par les travaux de l'intelligence ; aux organisations
ébranlées par de violentes secousses morales ; épuisées par l'excès des plaisirs ou affaiblies par de longues maladies ; aux femmes délicates, dont le système
nerveux est irritable, à celles qu'assiégent l'ennui et

la mélancolie, conséquences, le plus souvent, de la vie sédentaire à laquelle elles sont assujetties dans les grandes villes. Souvent, chez tous ces malades, quelques verres d'eau de la fontaine de Salut aidés par un peu de promenade, font plus que les efforts les mieux combinés de la médecine, et l'on voit se dissiper en quelques jours des maladies que l'on avait crues incurables.

Ces eaux sont employées spécialement avec succès dans les embarras gastriques, l'anorexie, les engorgements du foie, de la rate, du pancréas, et, en général, des viscères abdominaux; dans la jaunisse, le catarrhe vésical, l'hypocondrie, les palpitations de cœur, les migraines, les rhumatismes, les sueurs excessives, la chlorose, l'anémie. Les femmes n'y auront pas recours en vain, dans les maladies qui sont la conséquence des désordres de la menstruation; et elles favoriseront, chez les jeunes filles, l'apparition de ce phénomène, lorsqu'il se fait trop attendre. « Les eaux de Bagnères-de-Bigorre, dit M. Lemonnier, conviennent principalement, et plus que toute autre, dans les cas d'appauvrissement du sang et dans toutes les affections, quelles qu'elles soient, où la susceptibilité nerveuse est anormalement développée; deux propriétés qui expliquent leur heureuse influence dans la plupart des affections particulières au sexe féminin. »

Il est inutile de dire que, dans les indications qui précèdent, nous voulons parler surtout des eaux salines. Quant aux eaux sulfureuses et ferrugineuses, elles ont des propriétés spéciales, particulières à leur composition.

Les eaux de Bagnères-de-Bigorre sont administrées sous toutes les formes : en bains, en douches, en affusions, en fumigations, en vapeurs et en boisson ; sous une ou plusieurs de ces formes à la fois. En boisson, la dose varie d'un verre à deux litres. Souvent on ajoute à l'eau de Lasserre un sel neutre, pour aider son action purgative. Assez généralement, on boit l'eau ferrugineuse mêlée au vin, dans les repas.

La saison des bains dure, à Bagnères, toute l'année.

Médecins :

- SUBERVIE, inspecteur.
- LEMONNIER, sous-inspecteur.
- CAZES.
- VÉDÈRE.
- PAMBRUN.
- ROMAIN.
- SARABEYROUSE.
- GAYE.
- BOURGUET.
- SOULÉ.
- LABAYLE.
- BRUZAUD.
- COSTALLAT.
- ROUSSE.

Capbern.

Topographie. — Capbern , petit village de 600 à 700 habitants, est situé dans une position agréable, sur la route de Toulouse à Bagnères-de-Bigorre, à 126 kilomètres de la première de ces villes, 20 de la seconde et 28 de Tarbes. Le passage de la route

si fréquentée pendant la saison des bains donne à
ce village un certain air de vie et d'animation. —
On va visiter dans les environs les ruines du château
de Mauvezin et l'abbaye de l'Escaledieu, la vallée
d'Aure, la vallée de la Neste et le village de Trie. —
Ceux qui ont le goût de la chasse ou de la pêche
trouveront à exercer leur adresse : le lièvre, le lapin,
la perdrix, la caille, le canard abondent dans ces
contrées ; et l'Arros nourrit d'excellentes truites.

Sources et établissements. — La commune de Capbern possède deux sources appelées : l'une la *Hount-
Caoudo* (fontaine chaude), et l'autre, la source du
Bouridé ; elles ont chacune des propriétés fort différentes.

1° La première de ces sources jaillit à 4 kilomètres du village, au fond d'un vallon, dans un site
agreste et un peu sauvage. Cette source alimente un
établissement où l'on trouve vingt-sept cabinets de
bains, une buvette et une douche.—Trois hôtels (1) et
une quinzaine de maisons offrent aux baigneurs des
appartements commodes et une alimentation confortable, pour des prix très-modérés. — Les tables
d'hôte sont surtout renommées pour l'excellence de
leur service. En face de l'établissement se trouve un
petit bois appartenant à la commune, et où elle pourrait faire tracer à peu de frais de jolies allées qui
deviendraient un lieu de promenade pour les bai-

---

(1) Hôtel des Pyrénées chez Queheillat ; hôtel de la Paix chez
Dangaix ; hôtel de France chez Dangaix ; logement et table
d'hôte, 5 fr. par jour.

gneurs et égaieraient un peu l'aspect triste et sévère du paysage.

— Il y a une chapelle.

Cet établissement est fréquenté par mille à douze cents malades chaque année. On évalue à 10,000 fr. environ le revenu net qu'il rapporte.

— L'eau de la *Hount-Caoudo* est parfaitement limpide, inodoré, douceâtre au goût et un peu rude au toucher. Sa température est de 22° 50 à 23°. Elle coule avec une extrême abondance, et les variations de saison n'ont aucune influence sur son volume.

Analysées successivement par MM. Longchamp, Save, Latour, ces eaux ont donné au premier du gaz acide carbonique, du sulfate de magnésie et du carbonate de fer que le second n'y a pas trouvé. Voici les résultats de l'analyse de M. Latour, qui est la plus récente :

Pour un litre d'eau :

	litre.
Acide carbonique............................	0,49
Oxygène..............................	0,18
Azote	0,28

	gr.
Hydrochlorate de magnésie............	0,032
Hydrochlorate de soude...............	0,044
Hydrochlorate de chaux..............	0,016
Sulfate de magnésie..................	0,460
Sulfate de soude....................	0,072
Sous-carbonate de magnésie...........	0,012
Sous-carbonate de chaux.............	0,220
Sulfate de chaux....................	1,096
Carbonate de fer....................	0,024
Silice	0,028
Matière organique...................	0,076

L'eau de cette source est, comme on le voit, surtout séléniteuse ; cependant elle renferme assez de fer pour qu'on doive tenir compte de cet ingrédient, dans l'appréciation de ses indications thérapeutiques, et de plus la quantité notable de gaz acide carbonique qui s'y trouve lui donne une certaine ressemblance avec les eaux acidules-gazeuses.

Cette eau est très-active et excitante ; elle accélère la circulation et augmente la sécrétion des urines, provoque des sueurs, des démangeaisons à la peau et des éruptions cutanées. Prise en excès, elle détermine de la fièvre, des coliques, des vomissements et des symptômes gastriques qui commandent impérieusement d'en cesser l'usage.

M. le docteur Tailhade, qui exerce depuis plusieurs années les fonctions de médecin inspecteur à Capbern, prétend que l'action de ces eaux consiste à activer d'une manière toute spéciale les fonctions des organes abdominaux et surtout de ceux du bas-ventre ; qu'elles régularisent la circulation, font cesser la congestion des viscères ; en un mot, qu'elles sont diffusibles, résolutives et désobstruantes ; et, à ce titre, il les prescrit avec succès dans les langueurs de l'appareil digestif, dans la gastrite ou l'hépatite chronique, dans les obstructions du foie, de la rate, du pancréas, du mésentère. — Elles rétablissent les flux menstruel ou hémorrhoïdal supprimés ; elles augmentent la sécrétion des urines et facilitent l'expulsion des graviers, ce qui constitue une véritable indication dans les coliques néphrétiques, la gravelle, la cystite chronique, le catarrhe vésical. Enfin on les prescrit contre les pâles-couleurs, lorsque cette maladie se trouve sous la dépendance d'une affec-. tion gastrique.

Le docteur Farr, médecin anglais qui a été guéri d'une maladie grave par l'eau de Capbern et qui a écrit un mémoire remarquable sur ses propriétés, dit qu'elle convient particulièrement aux femmes qui sont dans l'âge de retour, pour prévenir les nombreuses maladies qui sont, chez elles, la suite de cette période de la vie ; il la conseille aussi aux hommes parvenus à la période climatérique ainsi que dans la goutte, le rhumatisme et les maladies de la peau (1).

Les tempéraments faibles, nerveux ou délicats ne se trouveront pas bien de l'usage de cette eau ; elle est contre-indiquée absolument dans les hémorrhagies, dans l'hémoptysie, les tubercules pulmonaires dont elle hâte la résolution, enfin dans les affections spasmodiques.

L'eau de cette source est usitée surtout en boisson, la dose varie d'un verre à un litre ; on en fait usage aussi en bains et en douches, après l'avoir chauffée.

2° La source du Bouridé jaillit au fond d'un ravin, à 2 kilomètres de la précédente et à 1 kilomètre de la route qui va de Toulouse à Bagnères. Cette source est moins importante que la *Hount-Caoudo*. Elle est utilisée dans un petit bâtiment qui renferme six à huit baignoires. A côté, une maison de con-

(1) A practical Essay on the mineral waters of Capbern.

20.

struction récente, offre aux malades des logements meublés convenablement, sinon avec luxe.

Une discussion s'est élevée entre les médecins de la localité sur le plus ou moins d'ancienneté de cette source. Eh, mon Dieu, qu'importe cette question ! On sait bien aujourd'hui que ce n'est pas l'ancienneté qui fait la véritable noblesse : et d'ailleurs, toutes les sources ne descendent-elles pas probablement en ligne directe, de leur aïeul le Déluge, comme tous les hommes descendent d'Adam ? Ce sont les vertus qui font toute la différence dans les hommes comme dans les sources ; et celle du Bouridé en a de réelles, d'incontestables.

L'eau de cette source est claire, limpide, un peu douceâtre au goût. Elle laisse dégager beaucoup de gaz à son griffon, sa température est de 21°. Elle paraît contenir du sulfate de chaux, du chlorure de magnésium, du carbonate de magnésie, de l'oxyde de fer et du sulfate de soude. — Elle est indigeste et lourde à l'estomac, aussi est-ce surtout en bains qu'on l'utilise.

D'après M. le docteur Tailhade, l'eau du Bouridé est calmante, sédative, tempérante ; elle réussit ordinairement contre l'exaltation de la sensibilité et dans cette classe si nombreuse et si singulière de maladies connues sous le nom de névropathies, dans la gastralgie, l'entéralgie, l'hystérie, la migraine, le tic douloureux ; dans certaines suppressions menstruelles qui dépendent d'un état spasmodique de l'utérus ; enfin, dans toutes les maladies où il s'agit de ramener à son état normal, l'irritabilité et la sensibilité de l'organisme portées à un trop haut degré. Dans certains cas, on associe avec avantage l'eau de la grande fontaine en boisson, avec les bains de la source du Bouridé.

La saison commence, à Capbern, au 15 mai et finit au 1ᵉʳ octobre.

Médecins : { TAILHADE, inspecteur.
{ RICAUD, sous-inspecteur.
{ LAGLEYSE, au Bouridé.

Sainte-Marie.

Topographie, sources et établissements. — Sur la route de Toulouse à Bagnères-de-Luchon, non loin des rives de la Garonne, on trouve, à droite, le village de Sainte-Marie, au fond d'une gracieuse et fertile vallée, à 20 kilomètres de Luchon.

Ce village possède quatre sources minérales, dont deux alimentent un petit établissement thermal fort propre et fort bien servi que fréquentent un certain nombre de baigneurs. — Les deux autres sources sont sans emploi. —L'eau de toutes ces sources est limpide, incolore, inodore, d'une saveur amère et nauséabonde. Température : 17°.

L'analyse faite par M. Save a produit :

Pour un litre d'eau :

	litre.
Acide carbonique....................	0,160
	gr.
Sulfate de chaux	0,430
Sulfate de magnésie................	0,580
Carbonate de magnésie............	0,020
Carbonate de chaux................	0,370

Propriétés médicales. — Ces eaux sont employées dans les embarras gastriques, dans les engorgements du foie, de la rate, du pancréas, du mésentère ; dans les coliques néphrétiques, les catarrhes vésicaux, les fièvres intermittentes, les suppressions des flux menstruel ou hémorrhoïdal. Elles seraient encore très-utiles, à ce qu'il paraît, dans quelques affections cutanées dépendant d'un dérangement gastrique.

Siradan.

Topographie, sources et établissement. — L'établissement de Siradan est situé à un kilomètre environ de celui de Sainte-Marie, et dans le même vallon. Cet établissement, propre et bien tenu, est alimenté par deux sources salines. — A côté se trouvent aussi des sources ferrugineuses qui sont employées en boisson.

Une hôtellerie attachée à l'établissement des bains, offre aux étrangers des logements commodes et une table d'hôte parfaitement approvisionnée et très-bien servie. Les baigneurs de Luchon qui vont visiter Saint-Bertrand-de-Comminges, la vallée de Cierp ou les Chalets-Saint-Nérée, manquent rarement de faire une halte à Siradan et de déjeuner à l'hôtel.

Analysée par M. Filhol, l'eau minérale de Siradan a fourni, sur 10 litres :

	gr.
Acide carbonique..	0,066
Sulfate de chaux anhydre	14,828
Sulfate de magnésie anhydre	2,780
Sulfate de soude	0,100
Chlorure de calcium	0,050
Chlorure de magnésium	traces.
Chlorure de potassium	traces.
Carbonate de chaux	1,072
Carbonate de magnésie	0,200
Oxyde de fer	traces.
Silice	traces.
Matières organiques	traces.
	20,000
Perte	0,100

Les propriétés médicales de cette eau sont à peu près les mêmes que celles de la source de Sainte-Marie.

Médecins : BERTRAND-VAQUÉ, inspecteur.

Les Chalets-Saint-Nérée.

Topographie, sources et établissement. — Dans un vallon solitaire et champêtre de la haute Barousse, au sud-ouest de Saint-Bertrand-de-Comminges et sur les confins du département des Hautes-Pyrénées, se trouve le petit établissement des Chalets-Saint-Nérée, entretenu par deux sources salines appelées, l'une source *du sang,* l'autre source *des nerfs.* Autour de cet établissement, le propriétaire, M. Boubée, a fait élever plusieurs chalets dans le goût suisse, qui ajoutent au pittoresque du paysage. On y trouve aussi une chapelle simple et

élégante, dédiée....., je ne voudrais pas me rendre
coupable d'hérésie en plaçant un Triton parmi les
saints : je crois pourtant ne pas me tromper ; la chapelle est dédiée à saint Nérée.

Le gibier abonde dans la contrée, et les truites
de la Barousse sont très-estimées par les gour-
mands.

Il suffit de nommer les sources des Chalets-Saint-
Nérée pour dire leurs propriétés médicales : la première, la source du sang, est employée dans les
hémorrhoïdes, les engorgements hépatiques, la chlorose, la dysménorrhée, la cessation des menstrues
et dans les dérangements qui accompagnent cet état;
elle réussit aussi dans la gravelle et les coliques néphrétiques.

La source des nerfs est efficace contre les névroses, telles que les gastralgies, les migraines, l'hystérie, l'irritabilité exagérée du système nerveux,
l'ébranlement produit sur l'organisme par de violentes émotions. — La vie douce et calme des Chalets-Saint-Nérée, loin des orages des passions et du
tracas du monde, favorise surtout le traitement des
maladies de ce genre.

DES EAUX FERRUGINEUSES, ACIDULES-GAZEUSES ET SALINES DU DÉPARTEMENT
DE LA HAUTE-GARONNE.

Encausse.

Topographie. — Le village d'Encausse est à 12 kilomètres de Saint-Gaudens et à 2 kilomètres de la
route qui va de cette ville à Aspet. Il est heureusement situé sur la petite rivière qu'on appelle le Jops,
au fond d'une jolie vallée que dominent les montagnes de Sauveterre, de Malvesis et de Kagire. On
respire dans ce pays un air pur et sain, et on trouve
les moyens d'y vivre confortablement à bon marché.
Des logements propres et commodes sont mis à la
disposition des étrangers qui viennent, chaque année
au nombre de six à sept cents, chercher la santé
aux sources d'Encausse.

On va visiter dans les environs l'église et le cloître
de Saint-Bertrand-de-Comminges, à 16 kilomètres,
dont nous avons parlé à propos de Luchon; les
ruines qui couronnent le sommet du Plech, d'où
l'on a une vue magnifique sur toute la vallée d'Encausse : enfin on fait l'ascension de la montagne
de Castel-Lestèle, sur les flancs de laquelle se trouve
la grotte de Lespugne, et de la montagne de Kagire.

Sources et établissement. — On trouve à Encausse
un petit établissement thermal propre et bien amé-
nagé, qui renferme dix-huit baignoires en marbre,
une douche et une buvette. Cet établissement est
bâti sur le griffon de deux sources abondantes qui

l'alimentent, et dont la réputation date de plusieurs siècles.

L'eau de ces sources est limpide, incolore, inodore et transparente, d'une saveur âpre et styptique; sa température est de 23°. Elle laisse dégager une grande quantité de gaz acide carbonique, ce qui fait qu'on peut la classer aussi bien parmi les acidules-gazeuses que parmi les salines.

Cette eau a été analysée par M. Save, qui y a trouvé :

Pour un litre d'eau :

	litre.
Acide carbonique.....................	0,108

	gr.
Sulfate de chaux....................	1,5934
Sulfate de soude et de magnésie........	0,5684
Chlorure de magnésium..............	0,3506
Carbonate de chaux..................	0,2125
Carbonate de magnésie..............	0,0425

De plus, M. Filhol y a découvert du sulfate de potasse, de l'oxyde de fer, du manganèse, du silicate de soude, des traces d'arsenic et un peu de matière organique.

L'eau d'Encausse est légèrement purgative et diurétique. On l'emploie pour stimuler les organes digestifs trop paresseux, dissiper les engorgements des viscères abdominaux, les gastrodynies, les dyspepsies, et pour rétablir le flux menstruel supprimé. Les fièvres intermittentes rebelles, l'ictère, les coliques néphrétiques, le catarrhe vésical et la gravelle sont avantageusement modifiés par leur usage. Nous avons eu occasion d'en observer personnellement les bons effets dans deux cas d'hydropisie passive qui s'étaient montrés rebelles à tous les traitements indiqués en pareil cas, et qui furent guéris en peu de temps par l'usage de ces eaux.

On emploie l'eau d'Encausse en boisson et en bains; il faut la chauffer pour ce dernier usage ; en boisson, la dose est de trois à quatre verres : on y ajoute souvent un peu de sulfate de soude pour favoriser l'action laxative.

La saison des bains commence au 15 mai et finit à la fin de septembre.

Médecin : CAMPARAN, inspecteur.

Barbazan.

Topographie, source et établissement. — Le village de Barbazan est situé dans une vallée fertile et riche, sur la rive droite de la Garonne, à 6 kilomètres de Saint-Bertrand-de-Comminges et à 15 kilomètres de Saint-Gaudens. Dans les environs, on trouve, au milieu d'un pré, un petit bâtiment thermal modeste mais fort élégant, destiné à l'exploitation d'une source minérale.

L'eau de cette source est limpide, sans odeur, d'une saveur piquante et salée ; sa température est de 19°. — Non loin de cette source, on en trouve encore deux autres à peu près semblables, qui ne sont pas usitées.

Cette eau a été analysée par M. Saint-André et

plus tard par M. Filhol. Nous donnons ici le résultat de cette dernière analyse.

Pour un litre d'eau :

	litre.
Acide carbonique.....................	0,43
	gr.
Sulfate de chaux.....................	1,5040
Sulfate de magnésie...................	0,3080
Sulfate de soude.....................	0,0180
Carbonate de chaux..................	0,1300
Carbonate de magnésie...............	0,0540
Chlorure de sodium..................	0,0090
Chlorure de calcium.................. ⎱ Chlorure de magnésium............. ⎰	Traces.
Oxyde de fer.......................	0,0015
Silice.............................	0,0140
Alumine........................... ⎫ Iode.............................. ⎬ Phosphates........................ ⎪ Matière organique.................. ⎭	Traces.

Ces eaux sont administrées en bains ou en boisson ; on les prescrit avec succès dans les engorgements des viscères abdominaux, les fièvres intermittentes rebelles, les rhumatismes chroniques, musculaires ou articulaires ; dans les pâles-couleurs, la suppression des flux menstruel ou hémorrhoïdal ; enfin dans la gravelle et le catarrhe vésical.

Labarthe-Rivière.

Topographie, sources et établissement. — Le village de Labarthe-Rivière, à 1 kilomètre de Saint-Gaudens, dans la vallée de la Garonne, possède un établissement thermal passablement fréquenté pendant la saison par les malades de la contrée, et entretenu par une source dont l'eau est limpide, transparente, inodore, d'une saveur fade et désagréable. Température : 21°.

Nous ne connaissons de cette eau qu'une analyse imparfaite due à notre ami et confrère, M. le docteur G., et qu'il ne nous est pas permis de reproduire ici. Il paraîtrait cependant, d'après cette analyse, que cette eau contiendrait du chlorure de sodium, du sulfate de magnésie et du carbonate de chaux.

Propriétés médicales. — On recommande l'eau de Labarthe dans les rhumatismes chroniques, les affections cutanées, les engorgements articulaires, la chlorose, et, en général, dans toutes les affections particulières aux femmes et provenant d'un trouble dans la menstruation.

DES EAUX FERRUGINEUSES, ACIDULES-GAZEUSES ET SALINES DU DÉPARTEMENT DE L'ARIÈGE.

Ussat.

Topographie. — Le village d'Ussat est situé au fond d'une vallée étroite, sur les rives de l'Ariège et sur la route qui va de Foix à Ax, à 99 kilomètres de Toulouse, 16 d'Ax et 2 de Tarascon.

On trouve à Ussat des hôtels très-bien tenus, où l'on a le logement et la table d'hôte à des prix fort modérés. Plusieurs maisons particulières tiennent en outre à la disposition des étrangers des appartements meublés d'une manière convenable, et le marché est tous les jours abondamment fourni en provisions de toute espèce; de sorte que si les habitants de cette localité faisaient quelques efforts pour procurer aux étrangers des plaisirs et des distractions, comme ils se sont attachés jusqu'ici à leur procurer l'utile et le confortable; si, en un mot, on trouvait à Ussat des salons de réunion, des bals, des concerts, etc., ce séjour ne laisserait rien à désirer, et on pourrait espérer d'y voir arriver cette catégorie de baigneurs qui cherchent dans les eaux un remède contre l'ennui et le désœuvrement. — Malgré cette lacune cependant, les bains d'Ussat sont visités par 2,000 malades environ, chaque année.

Il-y a, à Ussat, de jolies promenades. Les étrangers vont visiter avec intérêt : à l'ouest, les belles et vastes grottes de Bedeillac et de Lombrives, si remarquables par leur ténébreuse profondeur et par leurs stalactites aux formes si variées; dans la vallée de Vic-Dessos, les forges et les usines de fer de Sem, et la montagne de Rancié qui renferme dans ses flancs des mines de fer inépuisables; les ruines de l'ancien château de Tarascon. Du côté de l'est, la curieuse fontaine intermittente de Fontestorbes près de Belesta; et, perchés sur leurs rochers inaccessibles, les châteaux féodaux de Montségur et de Roquefixade dont le sombre aspect fait rêver de terribles histoires. Enfin, au sud, on va visiter les bains d'Ax, la vallée d'Andorre; et on fait l'ascension du mont Saint-Barthélemy, du haut duquel on découvre à l'est les plaines verdoyantes du Roussillon, et plus loin la Méditerranée ; à l'ouest et au sud, les sommets neigeux de la Haute-Garonne, des Hautes-Pyrénées et de l'Aragon ; tandis qu'au nord, on suit les sinuosités capricieuses de l'Ariège jusqu'à son embouchure dans la Garonne.

Sources et établissement. — On raconte que les eaux thermales d'Ussat formaient autrefois une maré dans laquelle un seigneur des environs trouva la guérison de blessures graves, reçues dans les combats, et c'est à cette circonstance que l'on fait remonter leur première réputation dans le pays. — En 1787, les bains d'Ussat, composés alors d'une douzaine de baignoires, furent donnés par le seigneur d'Ornolac à l'hospice de Pamiers, à charge à lui d'y loger, nourrir et baigner gratuitement un certain nombre d'indigents. Il y a quelques années à peine, les bains d'Ussat étaient encore très-défectueux : ils se composaient de trente-trois cabinets irréguliers, placés au pied d'une montagne calcaire, au niveau des eaux moyennes de l'Ariège dont ils n'étaient séparés que par un espace de 30 à 35 mètres. Les baignoires de ces cabinets consistaient en des bassins creusés dans le sol, sur le griffon même des sources, et dont les parois étaient revêtues de plaques d'ardoise. Cette disposition permettait difficilement de les vider, ce qui nuisait considérablement à la propreté. De plus, ces baignoires étaient envahies, au temps des crues, par l'eau de la rivière qui, se mêlant aux eaux minérales, leur faisait perdre une partie de leurs proprié-

21.

tés et de leur température : d'un autre côté, pendant les basses eaux de l'Ariège, l'eau minérale cessant d'être refoulée et contenue, se perdait par infiltration à travers un terrain essentiellement perméable, et s'écoulait dans la rivière, de telle façon qu'elle ne suffisait plus à alimenter les baignoires.

Aujourd'hui, grâce à des travaux hydrauliques importants, entrepris à l'instigation de M. le docteur Vergé et sous la direction de M. l'ingénieur J. François, tous ces inconvénients ont disparu. Les sources ont été captées avec soin et aménagées dans des galeries de distribution ; et l'infiltration en a été empêchée par un barrage de circonvallation. Un nouvel établissement plus commode, plus complet et plus élégant a remplacé l'ancien ; on y trouve des baignoires en marbre blanc de Carrare, adossées contre la galerie des eaux et placées au niveau du sol, dans lesquelles l'eau s'introduit par le fond, et d'où elle s'échappe par un trop-plein, en se renouvelant constamment par un courant ascensionnel, disposition très-avantageuse qui entretient le bain à une température constante. — Ces baignoires se vident après chaque bain, condition indispensable pour la propreté.

Cet établissement possède de plus deux piscines, une douche très-active et une buvette ; enfin il offre aux baigneurs des appartements commodes et bien meublés, qui leur procurent l'avantage de se trouver à portée des bains.

Les bains d'Ussat sont alimentés par deux sources très-abondantes qui n'ont point de griffon particulier, puisque l'eau jaillit de toutes parts, à travers un terrain poreux et très-perméable. La température de l'une est à 38° et celle de l'autre à 33. Cette eau est limpide, incolore, sans odeur et sans saveur appréciables, douce et onctueuse à la peau; elle laisse dégager une quantité assez considérable de bulles de gaz acide carbonique qui viennent éclater à la surface, ce qui la fait ranger parmi les acidules-gazeuses; elle dépose un sédiment gélatineux.

Cent mille parties de cette eau, analysées par M. Figuier, chimiste de Montpellier, ont donné le résultat suivant :

	gr.
Acide carbonique......................	q. ind.
Chlorure de magnésium................	3,40
Sulfate de magnésie....................	27,35
Sulfate de chaux.......................	30,34
Carbonate de magnésie................	0,97
Carbonate de chaux....................	26,53
Perte.................................	0,64

Analyse du sédiment par le même chimiste :

Silice...............................	28
Alumine.............................	40
Carbonate de chaux...................	20
Sulfate de chaux.....................	10
Fer oxydé au carbonate...............	2

C'est à l'alumine qui se trouve dans ce sédiment que l'on attribue l'onctuosité de l'eau.

Propriétés médicales. — Les eaux d'Ussat sont douces, bénignes et tempérantes, légères à l'estomac et de facile digestion. Cependant on ne saurait nier qu'elles partagent cette action excitante qui caractérise généralement les eaux minérales, puisqu'elles provoquent souvent des sueurs, des démangeaisons et des éruptions à la peau, qu'elles augmentent la sécrétion des urines et occasionnent même quelquefois des insomnies ; mais on peut affirmer qu'elles doivent être classées parmi celles qui excitent le moins. Aussi leur effet est-il à peu près nul sur les tempéraments lymphatiques, à sensibilité émoussée, et dans les maladies chroniques invétérées qui réclament une médication puissante, une perturbation énergique. On se trouvera beaucoup mieux, dans ce cas, de l'usage des eaux d'Ax. On administre au contraire les eaux d'Ussat avec le plus grand avantage aux tempéraments nerveux, aux organisations faibles et délicates, et dans les maladies récentes, celles surtout qui tiennent à une irritation, à l'éréthisme du système nerveux.

Les anciens auteurs qui ont écrit sur les eaux d'Ussat les préconisent contre les affections de la peau, les ulcères, les tumeurs scrofuleuses, la phthisie. Cependant, M. le docteur Vergé, actuellement médecin inspecteur depuis plusieurs années aux eaux d'Ussat, à qui nous empruntons de précieux renseignements sur les effets de ces eaux, M. Vergé avoue avec beaucoup de franchise et de bonne foi qu'elles sont à peu près sans effet dans ces maladies, lesquelles réclament plutôt une médication sulfureuse et une action plus énergique ; mais il leur attribue une vertu toute spéciale contre les maladies de l'utérus et contre les nombreuses affections qui se développent sympathiquement à la suite des lésions de cet organe. Dans ces maladies, qui revêtent si souvent un caractère nerveux, les eaux d'Ussat produisent un effet sédatif des plus avantageux.

C'est à cette spécialité, confirmée par un grand nombre de guérisons, qu'il faut attribuer surtout la réputation de ces eaux ; c'est elle qui attire le grand nombre de femmes qui viennent les visiter chaque année.

Les eaux d'Ussat sont encore fréquentées par les personnes fatiguées par les veilles, les travaux de cabinet, épuisées par les plaisirs ou ennuyées du séjour des grandes villes ; par ces organisations blasées, dégoûtées de la vie et travaillées par de sinistres idées. On les prescrit contre les affections hypochondriaques, hystériques, la danse de Saint-Guy, le tic douloureux, et tout ce qui porte un caractère spasmodique; enfin elles réussissent très-bien dans les gastralgies, les gastrites et les entérites chroniques, ainsi que dans les coliques néphrétiques, la gravelle, le catarrhe vésical, et en général dans toutes les affections du système urinaire.

C'est, en grande partie, à la température égale qu'entretient dans le bain le courant continu dont nous avons parlé plus haut que l'on attribue les effets sédatifs qui distinguent ces bains.

Avant M. Vergé, les eaux d'Ussat n'étaient administrées qu'en bains ; il les a employées en boisson, et en a obtenu d'excellents résultats. « Par leur usage, dit-il, j'ai vu des douleurs d'estomac se dissiper, l'appétit renaître, le ventre devenir libre, les urines augmenter. »

La saison des bains commence à Ussat au 1er juin et dure jusqu'à la fin de septembre.

Médecin : VERGÉ, inspecteur.

Audinac.

Topographie. — Les bains d'Audinac sont situés au bord de la route qui va de Pamiers à Saint-Girons, à 8 kilomètres de cette dernière ville, ainsi que de Saint-Lizier, dans un paysage champêtre et solitaire, au milieu d'un air pur et salubre, d'un climat tempéré, et à portée de toutes les ressources nécessaires au confortable de la vie. Un vaste jardin anglais offre aux baigneurs de frais ombrages et un lieu de promenade agréable ; tandis que dans la contrée ils trouveront plusieurs points intéressants qui méritent de frapper leur curiosité. Nous citerons entre autres : les ruines de Saint-Lizier, qui fut jadis une ville importante et qui conserve à peine aujourd'hui quelques traces de son ancienne splendeur ; les usines et les fabriques de Saint-Girons, une des villes les plus industrielles du département, agréablement située au pied des Pyrénées et au-dessus du confluent de deux belles rivières. Sur un autre point se trouve la vallée de Castillon, où l'on voit les forges d'Engomer, que Napoléon destinait à la fabrication d'armes de guerre ; plus loin, on va visiter le lac de Bethmale et la fraîche vallée surnommée la Belle-Longue, qui mérite d'être comparée à la vallée de Campan.

Sources et établissements. — Les bains d'Audinac
se composent d'un ancien établissement qui a été
restauré, il y a peu d'années, et qui a subi des modifications telles, qu'aujourd'hui il laisse peu à
désirer, tant sous le rapport de l'agrément que sous
celui des besoins du service médical ou de l'aménagement des eaux; il renferme quinze baignoires,
deux douches et une buvette. Pour compléter ces
moyens qui étaient devenus insuffisants, on a élevé
à côté une nouvelle galerie d'une architecture élégante, composée de douze cabinets, renfermant
quinze baignoires, deux douches ascendantes et une
douche à percussion.

L'établissement possède pour l'usage des baigneurs, des appartements commodes et bien meublés.
A côté se trouve un bel et vaste hôtel nouvellement
restauré aussi, qui offre aux étrangers le logement
et une bonne table d'hôte, pour des prix modérés.

Les bains d'Audinac possèdent deux sources
d'eaux minérales dont l'une, appelée source des
Bains, alimente à la fois les baignoires, les douches
et une buvette.

L'autre source, désignée sous le nom de source
Louise, est exclusivement employée en boisson.

« Les eaux d'Audinac, dit M. Sentein, sont très-
abondantes, limpides et inodores; leur saveur, légèrement acerbe, laisse un arrière-goût d'astringence,
déterminé sans doute par les sels ferrugineux qui
entrent dans leur composition. Il se forme à leur
surface, quand elles sont en repos, une pellicule
blanchâtre qui, après quelques heures, passe au

rouge irisé, et toutefois le reste du liquide conserve sa transparence. Il s'en dégage continuellement des bulles de gaz qui viennent éclater à la surface. Leur température est de 21° ; et telle est la nature de leurs propriétés physiques, qu'aucun des grands phénomènes qui se passent dans l'atmosphère ou sur la surface de la terre, comme les pluies, les vents, les orages, le froid de l'hiver ou les chaleurs de l'été ne les altèrent ni ne les modifient jamais. »

Ces eaux ont été analysées par M. Magne-Lahens. Voici les résultats de l'analyse de la source des bains :

Pour un litre d'eau :

Acide hydrosulfurique...... quantité inappréciable.
Acide carbonique.......... quantité indéterminée.

	gr.
Sulfate de chaux..........................	0,7110
Sulfate de magnésie......................	0,6380
Chlorure de magnésium...................	0,3490
Carbonate de chaux.......................	0,5230
Carbonate de fer.........................	0,0710
Bitume.	0,0360
Perte.....................................	0,0630

M. Fontan a tout récemment fait aussi une analyse qui diffère, sur quelques points, de la précédente : ainsi, selon lui, le gaz qui se dégage à la surface de ces eaux serait formé d'acide carbonique, d'oxygène et d'azote ; le fer qui entre dans leur composition s'y trouverait aussi à l'état de crénate de fer. Enfin M. Filhol y a découvert de plus des traces d'iodure de magnésium, de l'oxyde de manganèse, de l'alumine, du silicate de soude et du silicate de potasse.

Propriétés médicales. — M. le docteur Sentein, médecin inspecteur des eaux d'Audinac, qu'une longue expérience a mis à même d'en apprécier les qualités et qui a publié dans plusieurs mémoires le résultat de ses observations, prétend que ces eaux sont sudorifiques, diurétiques, purgatives, provocatrices des flux menstruel et hémorrhoïdal. Il les emploie avec succès dans les engorgements des viscères abdominaux, tels que le foie, la rate, le pancréas, le mésentère, etc.; dans les maladies chroniques du tube digestif, les gastralgies, les coliques accompagnées d'anorexie, de flatuosités; dans les engorgements de la prostate, du col de l'utérus ; les catarrhes vésicaux ou utérins, la gravelle, la chlorose, les fleurs blanches. Elles produisent encore de bons effets dans les rhumatismes, les scrofules, l'asthme humide, les affections nerveuses, les fièvres intermittentes rebelles. Les organisations faibles ou épuisées, qui ont besoin d'être tonifiées sans excitation, se trouvent bien de leur usage.

Les eaux d'Audinac sont employées en boissons, bains, douches. La dose, pour boisson, est de deux à quatre verres; on la prend pure ou coupée avec du lait. — On est obligé de chauffer l'eau pour les bains, ce qui lui fait perdre une partie de ses principes gazeux.

La saison des bains commence à Audinac au 1er juin et finit au 1er octobre.

Médecin inspecteur : SENTEIN.

Aulus.

Topographie. — Le village d'Aulus, dans l'arrondissement de Saint-Girons, à 33 kilomètres de cette
ville et à 130 kilomètres de Toulouse, est situé près
de la frontière d'Espagne, au fond d'un vallon entouré de toutes parts de hautes montagnes et traversé
par une petite rivière que l'on appelle le Garbet. La
route qui conduit de Saint-Girons à Aulus est assez
praticable et n'a presque pas de côtes, à l'exception
de celle dite de *las Escalos*, au-dessus d'Ercé. — On
trouve dans la vallée plusieurs mines fort riches,
autrefois exploitées. Les montagnes qui l'entourent
sont couvertes d'une végétation alpestre un peu sauvage, composée de buis, de sapins, de hêtres, de
pâturages, etc.

C'est dans cette vallée, sur la rive gauche du Garbet, et au pied de la montagne dite de *las Costos*,
que jaillit la source d'eau minérale. Elle fut découverte en 1823 par un jeune lieutenant de l'armée
d'Espagne, qui y trouva la guérison d'une maladie
syphilitique dont il était atteint depuis longtemps (1).
Par la rapidité avec laquelle la réputation de cette
source s'est accrue depuis cette époque et par le
grand nombre de cures remarquables qu'elle opère
chaque année, elle semble destinée à prendre place
un jour parmi les eaux les plus renommées des Py-

(1) Nous empruntons ces détails à une notice fort remarquable sur les eaux d'Aulus, par M. Bordes-Pagès, médecin inspecteur de ces eaux.

rénées. Aujourd'hui elle est utilisée dans un peti établissement où l'on trouve une buvette et plusieurs cabinets de bains dont un à douches. On a tracé une avenue plantée d'acacias qui permet d'arriver en voiture jusqu'à ces thermes. Enfin on a bâti dans les environs quelques hôtels, et approprié un bon nombre de chambres de manière à recevoir convenablement les étrangers. L'eau d'Aulus est limpide, incolore et inodore ; sa saveur est légèrement amère; elle est douce et onctueuse au toucher; sa température est de 20°, et ne varie jamais, quel que soit l'état de l'atmosphère. Cette eau laisse dégager une grande quantité de gaz, et déposes ur les parois des vases où elle séjourne une matière qui forme un enduit visqueux. Quand on la laisse quelque temps en repos, on voit une pellicule irisée se former à la surface. Une pièce d'argent qu'on y plonge ne tarde pas à se ternir, et finit par prendre une couleur noire.

Cette eau a été analysée en 1847 par MM. Filhol et Pinaud. Voici le résultat de cette analyse :

Pour un litre d'eau :

	gr.
Acide carbonique.....................	0,0650
Chlorure de calcium..................	0,0060
Chlorure de sodium..................	0,0012
Sulfate de chaux....................	1,8167
Sulfate de magnésie.................	0,2093
Sulfate de soude....................	0,0120
Carbonate de chaux..................	0,1268
Carbonate de magnésie	0,0386
Oxyde de fer.......................	0,0046
A reporter...............	2,2802

	gr.
Report....................	2,2802
Silice.......................	0,0076
Acide crénique et apocrénique...........	0,0064
Manganèse........................	
Cuivre...........................	Traces.
Arsenic..........................	

2,2942

Propriétés médicales. — L'eau d'Aulus n'a rien de rebutant ; on éprouve seulement au fond de la gorge un goût particulier qu'il est difficile de caractériser. Il arrive assez souvent qu'on ressent, après son ingestion, un peu de trouble à la tête et une sorte d'enivrement passager. Elle augmente la transpiration et la sécrétion des urines, occasionne des rougeurs et des démangeaisons à la peau, excite l'appétit et facilite la digestion ; en un mot, elle est diurétique, purgative, tonique et légèrement excitante.

Le fait qui a donné lieu à la découverte de cette source devait naturellement appeler l'attention sur la valeur réelle de son action dans le traitement des maladies syphilitiques. Un certain nombre d'observations recueillies et publiées par M. Bordes-Pagès semblent prouver d'une manière péremptoire, sinon qu'elle guérit directement le vice syphilitique, du moins qu'elle est un auxiliaire puissant dans le traitement de ces maladies, surtout lorsqu'elles sont invétérées.

Elle est, de plus, très-efficace contre les embarras gastriques, les engorgements des viscères abdominaux, les coliques néphrétiques, la gravelle et le ca-

tarrhe vésical; contre les maladies cutanées, les
rhumatismes chroniques, les fièvres intermittentes;
enfin elle dissipe les pâles couleurs, arrête les pertes
blanches et provoque le flux menstruel.

Médecin inspecteur : BORDES-PAGÈS.

Foncirgue.

Topographie, source et établissement. — Dans un
site agréable et solitaire appartenant à la commune
de Peyrat, canton de Mirepoix, arrondissement de
Pamiers, on trouve, non loin de la route de Limoux
à Foix, l'établissement thermal de Foncirgue, situé
au pied d'une montagne calcaire d'où jaillit une
source minérale très-abondante qui sert à son alimentation. Cet établissement, fréquenté pendant la
belle saison par les habitants des contrées voisines,
possède plusieurs cabinets de bains, une douche et
une buvette. De plus il offre des logements commodes et une nourriture convenable, à l'usage des
baigneurs. — On respire là un air pur et salutaire ;
on y mène une vie calme et paisible. Le gibier abonde
dans le pays, et les amateurs de chasse y trouveront
de fréquentes occasions d'exercer leur adresse.

L'eau de Foncirgue est limpide, incolore, inodore, d'une saveur piquante et styptique; elle laisse
dégager une grande quantité de gaz qui viennent
éclater à sa surface. Sa température se tient constamment à 20°, quelles que soient les variations de
l'atmosphère.

22.

L'analyse de cette eau a été faite par **M. Fau,** pharmacien, qui a trouvé :

Pour un litre d'eau :

	lit.
Acide carbonique	0,027
Azote	0,019
Oxygène	0,004
	0,050

	gr.
Sulfate de magnésie	0,0126
Sulfate de soude	0,0012
Sulfate de chaux	0,0333
Chlorure de magnésium	0,0017
Chlorure de calcium	0,0036
Carbonate de chaux	0,1897
Carbonate de magnésie	0,0115
Magnésie combinée à la matière organique.	0,0070
Matière organique ressemblant à l'alumine.	0,0352
Oxyde de fer et phosphate de chaux	0,0077
Silice	0,0024
Perte	0,0071
	0,3131

Propriétés médicales. — Les eaux de Foncirgue sont utilisées en bains et en boisson. On les regarde comme très-favorables dans les affections chroniques du tube digestif, les engorgements du foie, de la rate, la jaunisse, la gravelle et les catarrhes vésicaux, la chlorose, les désordres de la menstruation, les engorgements de l'utérus, les affections nerveuses, les rhumatismes, les maladies cutanées, les fièvres intermittentes.

Tarascon.

La petite ville de Tarascon, chef-lieu de canton,
est située sur l'Ariége, dans un bassin romantique,
à 10 kilomètres de Foix. Non loin de la ville jaillit
une source ferrugineuse qu'on appelle dans le pays
Fontaine de Sainte-Quiterie ou *Fontaine-Rouge*, à
cause des dépôts ochracés qu'elle laisse sur son chemin. L'eau de cette fontaine est claire, limpide, inodore, d'une saveur styptique qui rappelle le goût
d'encre. Analysée par M. Magnes, elle a fourni :

Pour un litre d'eau :

	lit.
Acide carbonique libre................	0,013

	gr.
Chlorure de sodium....................	0,0201
Chlorure de magnésium...............	0,0463
Sulfate de chaux......................	0,3340
Sulfate de magnésie..................	0,1000
Carbonate de fer......................	0,1270
Matière grasse résineuse..............	0,0201
Silice................................	0,0050
Perte.................................	0,0360

La source de Tarascon est peu fréquentée. Cependant elle mérite une certaine attention, à cause
de sa proximité des thermes d'Ax et d'Ussat.

EAUX FERRUGINEUSES, ACIDULES-GAZEUSES ET SALINES

DU DÉPARTEMENT DES PYRÉNÉES-ORIENTALES.

Laroque.

A 1 kilomètre du village de Laroque, sur les Albères, on trouve une source minérale connue dans le pays sous le nom de *Font-de-l'Aram*. Cette source, analysée par M. Anglada, a fourni les principes suivants :

Pour un litre d'eau :

Acide carbonique libre................ q. ind.

	gr.
Matière organique azotée................	0,003
Carbonate de soude....................	0,008
Sulfate de soude......................	0,031
Chlorure de sodium....................	0,020
Carbonate de chaux....................	0,136
Carbonate de magnésie................	0,057
Carbonate de fer......................	0,030
Silice................................	0,066
Perte................................	0,012

Cette source est peu fréquentée.

Saint-Martin-de-Fenouilla et le Boulou.

Topographie. — Dans les environs de la petite ville de Boulou et de Saint-Martin-de-Fenouilla, près de la route qui mène de Perpignan en Espagne, à 22 kilomètres de cette ville et 10 kilomètres d'Amélie-les-Bains, se trouvent plusieurs sources minérales ferrugineuses qui ont été analysées par M. Anglada. Nous donnons ici les résultats que lui a fournis l'analyse de la plus importante de ces sources.

Pour un litre d'eau :

	lit.
Acide carbonique......................	0,611

	gr.
Carbonate de soude....................	2,431
Chlorure de sodium....................	0,852
Sulfate de soude......................	Traces.
Carbonate de chaux...................	0,741
Carbonate de magnésie................	0,215
Carbonate de fer.....................	0,032
Silice...............................	0,134

Ces sources empruntent une certaine importance à la proximité des bains d'Amélie.

« Les thermes d'Arles, déjà si riches par leurs ressources intrinsèques, dit M. Anglada, peuvent se prévaloir encore de l'avantage d'avoir, dans leur voisinage, des eaux minérales froides d'une grande efficacité, et par conséquent de la facilité que trouveraient les malades à y recourir, suivant les circonstances. Ces eaux, tout à fait analogues à celles de Spa, et, comme elles, acidules-alcalines ferrugineuses, sont celles de Saint-Martin-de-Fenouilla et du Boulou, situées à trois lieues des bains. Elles ne demanderaient qu'à être puisées chaque soir à la source et transportées avec les précautions nécessaires, pour que chaque matin on pût les prendre en boisson, aux bains d'Arles. Ce serait faire con-

courir ainsi l'usage interne d'une eau de Spa avec
l'usage extérieur d'une eau de Baréges ou d'une eau
de Plombières; et cet assortiment de moyens, si l'emploi en était habilement dirigé, serait éminemment
propre à satisfaire à des indications très-variées.
Il appartiendrait ainsi à la sagacité du thérapeutiste
de mettre en jeu, suivant les cas, dans la même localité, des agents que la nature a répartis dans des localités si différentes. »

Ce que dit ici M. Anglada, à propos de ces sources,
peut s'appliquer à toutes les sources ferrugineuses
qui se trouvent à portée d'établissements thermaux
à sources sulfureuses. Telles sont la source ferrugineuse de Cambo, la source de Viscos, près des Eaux-
Bonnes, la source de Castelviel, près de Luchon, la
source de Tarascon, pour les eaux d'Ax, la source
ferrugineuse de Castera-Verduzan, etc., etc.

Médecin-inspecteur : CLARET.

EAUX FERRUGINEUSES, ACIDULES-GAZEUSES ET SALINES
DU DÉPARTEMENT DU GERS.

Barbotan.

Topographie. — Le village de Barbotan est situé
sur la limite des départements du Gers et des Landes,
dans la commune et à 2 kilomètres de Cazauban, à
45 kilomètres de Coudam, 40 de Mont-de-Marsan et
60 de Nérac. On y trouve plusieurs sources minérales en grande réputation dans le pays, et qui sont

fréquentées toutes les années par un concours de cinq à six cents malades de la contrée et des départements voisins.

Pendant la saison des eaux, on trouve à Marmande, à Nérac, à Agen, à Mont-de-Marsan, des voitures pour Barbotan. Il y a des hôtels qui offrent des logements et une nourriture convenables, à bon marché.

Sources et établissements. — Les sources minérales de Barbotan qui sont utilisées sont :

1° La buvette, dont la température est à 32°;

2° Les bains chauds qui alimentent 12 baignoires. Température : 35°;

3° Les bains frais, au nombre de trois sources. Température : 31°;

4° La source des douches. Température : 38°;

5° La piscine ou bain des pauvres, bassin construit en pierre et pouvant contenir une douzaine de personnes. Température : 33°.

6° Enfin, le bassin des boues si renommées par leur énergie et qui ont fait en grande partie la réputation des eaux de Barbotan. Ce bassin peut contenir une vingtaine de personnes; il est situé près d'une douche sous laquelle les malades vont se laver en sortant des boues. La température y est à 36° dans le fond et à 26° à la surface.

Toutes les sources de Barbotan sont limpides, transparentes, laissant dégager beaucoup de gaz acide carbonique; leur saveur est piquante et salée, sans aucun arrière-goût hépatique, quoique cepen-

dant elles exhalent une odeur d'hydrogène sulfuré
très-prononcée.

L'analyse de ces eaux a été faite par M. Mermet,
professeur de chimie à Pau. Voici les résultats qu'elle
a fournis :

Pour un litre d'eau :

	lit.
Acide hydrosulfurique..................	q. ind.
Acide, carbonique.....................	0,152

	gr.
Carbonate de chaux...................	0,02030
Carbonate de magnésie..............	0,00150
Carbonate de fer.....................	0,03026
Sulfate de soude.....................	0,03180
Chlorure de sodium..................	0,02120
Silice...............................	0,02650
Barégine............................	0,00010

Propriétés médicales. — Les eaux de Barbotan
sont administrées avantageusement à l'intérieur
aux tempéraments mous et lymphatiques, aux organisations atoniques et paresseuses ; elles ne conviennent pas aux tempéraments bilieux et sanguins, aux
poitrines délicates. On les prescrit dans les embarras
gastriques signalés par l'anorexie ou les digestions
pénibles ; dans les engorgements des viscères abdominaux ; dans la suppression du flux menstruel, la
leucorrhée, les coliques néphrétiques, la gravelle,
les catarrhes chroniques de la vessie.

Mais ce sont surtout les bains, et principalement
ceux des boues, qui ont fait la grande réputation des
sources de Barbotan et qui attirent la majorité des

malades qui les fréquentent. Ces boues sont employées avec le plus grand avantage dans les rhumatismes chroniques, les maladies de la peau, les ulcères inertes, les engorgements des articulations, . les fausses ankyloses, les douleurs qui résultent des entorses ou des luxations, les maladies des os, la paralysie. — Elles sont nuisibles dans la goutte, les obstructions des viscères, les apoplexies imminentes. — On ne doit les prendre que pendant les chaleurs de l'été.

La saison des bains commence à Barbotan au 1er juin et finit à la fin de septembre.

Médecin inspecteur : Peyrocave.

Lavardens.

Topographie, sources et établissement. — Dans un vallon fertile et riant, à 10 kilomètres environ d'Auch et à 1 kilomètre de Lavardens, petite ville fort ancienne de la province d'Armagnac, se trouve une source minérale dite Fontaine-Chaude, en langue du pays, *Hount-Caoudo*, connue depuis longtemps dans la contrée par ses bons effets. Cette source naguère encore dépourvue d'établissement et de soins d'entretien, tombait dans l'oubli et n'était plus visitée. Heureusement M. Branet de Peyrelongue qui en est devenu propriétaire s'est occupé, dans ces dernières années, de la rendre praticable aux malades, et il vient de faire construire un joli établissement qui renferme, sur une petite échelle, toutes les commodités désirables. A côté de cet établisse-

23

ment, il a fondé aussi un vaste hôtel destiné à servir de logement aux baigneurs; de sorte que cette source est maintenant, en pleine voie de prospérité.

L'eau de la Fontaine-Chaude est claire, limpide, transparente, sans saveur ni odeur appréciables, douce au toucher, laissant dégager une quantité considérable de gaz qui la tiennent dans un état d'effervescence continu et déposant dans les conduits un sédiment ochracé. Le volume d'eau qu'elle débite est de 306,720 litres par vingt-quatre heures. Sa température est invariablement de 19°, quelle que soit celle de l'atmosphère.

A 20 ou 30 mètres de la Fontaine-Chaude, il existe une autre source qui prend naissance dans un bassin de 3 à 4 mètres de diamètre. Ce bassin est rempli d'une boue noirâtre qui semble avoir quelque analogie avec les boues de Barbotan et qui a été employée avec succès dans les mêmes cas que ces dernières. Analysés par MM. Boutan et Lidange, 15 litres de l'eau de la Fontaine-Chaude, ont produit:

Gaz.

		gr.
Acide carbonique libre	....	0,420
Acide carbonique combiné	....	1,695

Matières fixes.

Sous-carbonate calcique	....	2,862
Sous-carbonate magnésique	....	0,645
Sous-carbonate ferrique	....	0,090
Sulfate calcique	....	0,120
A reporter	....	3,717

Report...............	3,717
Sulfate magnésique.....................	1,140
Sulfate sodique........................	0,756
Chlorure magnésique..	0,222
Chlorure ammoniaque..................	Traces.
Chlorure sodique.	0,671
Acide silicique et débris de végétaux......	0,390
Résine.................................	0,050
Perte...................................	0,254
	7,200

Propriétés médicales. — D'après le rapport des médecins d'Auch, ces eaux produisent d'excellents effets dans les embarras gastriques, la dyspepsie, les engorgements des viscères abdominaux, le catarrhe vésical, l'ictère, les engorgements scrofuleux, les affections nerveuses, les vapeurs, les fièvres intermittentes rebelles. Prises en boisson, elles réveillent l'appétit et facilitent la digestion. Ce mode d'administration convient surtout beaucoup aux femmes atteintes de chlorose, d'aménorrhée, de fleurs blanches. On les prend à jeun ou dans les repas, coupées avec un peu de vin.

Les boues que dépose cette eau sont avantageusement administrées contre les engorgements articulaires et autres affections externes.

Médecin inspecteur : MAUREPT.

Castera-Verduzan.

Dans l'établissement de Castera-Verduzan, il y a une source ferrugineuse que nous avons décrite au chapitre IV. (Voir page 210.)

Dax.

Topographie. — Petite ville de 6,000 habitants, chef-lieu de sous-préfecture, Dax est situé à 54 kilomètres de Mont-de-Marsan , 48 kilomètres de Bayonne et 130 de Bordeaux, sur la rive gauche de l'Adour, que traverse un pont par lequel on communique avec le faubourg de Saint-Paul-lez-Dax. Cette ville, fort ancienne, est entourée de vieilles murailles gothiques flanquées de tours et possède un château fort. Quelques vestiges d'antiquité font supposer que ses eaux étaient fréquentées par les Romains et qu'ils y avaient établi des thermes ; le nom de *Bains de César* semble indiquer encore aujourd'hui cette origine. Son église d'une architecture remarquable a été bâtie par Vauban.

Le séjour de Dax est agréable, il y a de jolies promenades, l'air y est pur et salubre, les femmes vives et jolies, la vie à bon marché. Il y a plusieurs hôtels bien tenus : l'hôtel Saint-Étienne, l'hôtel de France, l'hôtel de la Couronne.

Sources et établissement. — La ville de Dax est comme le centre de ces sources salines que l'on trouve en si grande abondance dans le département des Landes. L'eau thermale y jaillit de toutes parts ; il suffit de creuser la terre, à quelques mètres de profondeur, pour la trouver. On l'emploie pour les usages domestiques, tels que les lessives, la cuisine, etc. Les principales sources sont : la Fontaine-

Chaude, de 69 à 71°, la source des Fossés, les sources des Bagnots, 30°, etc.

L'eau de toutes ces sources est limpide, incolore, laissant dégager des gaz à sa surface, d'une odeur *sui generis*, fugace, d'une saveur légèrement saline. Elle nourrit des tremelles.

Analysée par MM. Jean Thore et Meyrac, cette eau a fourni :

Pour un litre d'eau :

	gr.
Chlorure de sodium	0,032
Chlorure de magnésium	0,095
Carbonate de magnésie	0,027
Sulfate de chaux	0,170
Sulfate de soude	0,151

Cette analyse aura sans doute été faite après l'évaporation du gaz, puisqu'elle n'en fait pas mention.

Les eaux de Dax ne sont presque pas usitées en boisson. Elles produisent d'excellents effets en bains et en douches, dans les rhumatismes chroniques, la névralgie sciatique, la paralysie, les douleurs musculaires, et dans toutes les maladies qui exigent une forte révulsion à la périphérie.

Médecins :
MASSIE, inspecteur.
CANTIN,
LAMATHE,
LOUSTALOT,
MORA,
REGNAC,
SERRES,
PUYO.

Tercis.

Topographie, source et établissement. — Le village de Tercis, situé dans la vallée du Leuy, à 4 kilomètres de Dax, possède un établissement thermal assez bien entretenu et un des plus fréquentés des Landes, avec cabinets de bains, douche et buvette. Les malades y trouvent, en outre, des appartements meublés et une nourriture convenable.

Cet établissement est alimenté par une source dont l'eau est limpide, d'une saveur salée et styptique, d'une odeur d'œufs pourris. Exposée à l'air, elle se couvre, à sa surface, d'une substance blanchâtre et floconneuse, onctueuse au toucher. Température : 33°.

L'analyse de cette eau a fourni à MM. Thore et Meyrac :

Pour un litre d'eau :

	gr.
Chlorure de sodium	2,124
Chlorure de magnésium	0,223
Carbonate de magnésie	0,085
Carbonate de chaux	0,042
Sulfate de chaux	0,021
Soufre	0,011
Matière terreuse insoluble	0,032

Propriétés médicales. — Les eaux de Tercis sont administrées en bains, en douches, en boisson. Elles sont recommandées dans les embarras gastriques, la jaunisse, la chlorose, les rhumatismes chroniques, le lumbago, les douleurs articulaires, les maladies cutanées et les ulcères inertes.

Pouillon.

Topographie. — Dans les environs de Pouillon, bourg de 3,000 habitants, situé entre le Leuy et le Gave de Pau, à 10 kilomètres de Dax et 46 de Bayonne, on trouve une source minérale très-abondante, qui est reçue dans un bassin où les malades de la contrée viennent se baigner. — L'eau de cette source est limpide, inodore, d'une saveur amère et salée. Elle dépose un limon onctueux et rougeâtre assez abondant. Température : 20°.

Cette eau a été analysée par M. Meyrac, qui y a trouvé :

Pour un litre d'eau :

	gr.
Chlorure de sodium	1,359
Chlorure de magnésium	0,043
Carbonate de chaux	0,057
Sulfate de chaux	0,492

Propriétés médicales. — Les eaux de Pouillon passent pour très-salutaires dans les rhumatismes chroniques, les ulcères invétérés, les gastralgies, les scrofules, les fièvres intermittentes. Elles ne conviennent pas aux tempéraments sanguins. Raulin donne la préférence à ces eaux sur celles de Sedlitz et de Seidschutz. Il faut dire, cependant, que les appréciations de ce praticien, sur certaines eaux minérales de la Gascogne, sont empreintes d'une exagération toute locale.

Préchac.

Le village de Préchac, non loin des bords de l'A-
dour, à 9 kilomètres de Dax, est situé dans une
plaine marécageuse et insalubre. On y trouve un
établissement thermal en assez mauvais état et peu
fréquenté, qui présente un bassin où les eaux sont
reçues et où les malades se baignent en commun.
Cette eau est limpide, répand une odeur hépatique
et a un goût salin et saumâtre. — Elle contient du
chlorure de magnésium et de sodium, du sulfate de
soude et de chaux, du carbonate de chaux et de la
silice. — Elle est employée seulement en bains dans
les rhumatismes chroniques, les douleurs articulaires, les maladies de la peau, les paralysies, les névralgies, les gastrites chroniques.

Médecin inspecteur: Batbedat.

EAUX MINÉRALES DES DÉPARTEMENTS DE LOT-ET-GARONNE

ET DE LA GIRONDE.

Si l'on considère la distribution des sources minérales dans la région dont nous étudions le système hydrologique, on verra le nombre de ces
sources diminuer à mesure qu'on s'éloigne de la
grande chaîne des Pyrénées. En effet on a pu remarquer qu'elles étaient déjà beaucoup plus rares
dans la partie nord des départements qui forment
cette chaîne que dans la partie sud; elles le devien-

nent encore davantage dans les départements du Gers et des Landes qui sont placés immédiatement après ; et enfin il n'en existe plus que deux dans le département de Lot-et-Garonne, et une seule dans le département de la Gironde.

Ce n'est pas ici le lieu d'entrer dans les réflexions que peut suggérer une pareille observation, aussi nous nous contenterons de la signaler en passant, et nous laissons au géologue le soin d'en déduire telle conséquence qui lui paraîtra la plus convenable.

Casteljaloux.

Topographie. — La petite ville de Casteljaloux, chef-lieu de canton, dans l'arrondissement de Nérac, est située sur la lisière des Landes, à 95 kilomètres de Bordeaux, 24 de Marmande et 28 de Nérac ; elle est traversée par les grandes routes de Bordeaux à Auch, et de Paris en Espagne. L'Avance qui baigne ses murs donne à ses environs un aspect riant et fertile. Cette ville est d'une certaine antiquité, comme l'attestent encore les ruines d'un château gothique, et elle a joué un certain rôle dans les guerres de religion.

Il y a à Casteljaloux deux bons hôtels où les étrangers trouveront toutes les conditions nécessaires à l'agrément et au confortable de la vie ; les forges de Neuf-Fonds, à 3 kilomètres de la ville, et, plus loin, la verrerie du Tremblet et une fabrique de produits chimiques peuvent être le but de promenades fort agréables. — Le lièvre, la perdrix rouge, la caille, la palombe, etc., abondent dans les environs, et nous croyons pouvoir promettre aux amateurs de la chasse les succès les plus brillants.

Sources et établissements. — Casteljaloux possède deux sources d'eau minérale :

1° La source Levadou, située au sud, sur les bords de l'Avance, est reçue dans un établissement de construction élégante entouré d'un joli et vaste jardin. On trouve dans cet établissement des cabinets de bains fort propres, une douche et une buvette ;

2° La source Samazeuilh, au nord, possède aussi un établissement avec baignoires et buvette, entouré, comme le premier, d'un jardin agréable.

A côté de chacun de ces établissements, les propriétaires ont une maison commodément meublée, destinée à offrir des logements aux malades qui viennent prendre les eaux. On trouve aussi facilement à se loger en ville.

Les sources de Casteljaloux sont d'autant plus importantes que, avec celles de Cours, elles sont, comme nous l'avons déjà dit, les seules de la contrée, et les plus voisines de Bordeaux. Elles sont fréquentées par les malades des départements de Lot-et-Garonne, des Landes, de la Gironde, etc.

L'eau des deux sources de Casteljaloux est limpide, incolore, rude au toucher, d'une saveur atramentaire et styptique, qui rappelle le goût d'encre. Exposée à l'air, elle se couvre bientôt d'une pellicule irisée, et dépose un sédiment ochracé. Sa température est froide.

Analysées par d'habiles chimistes, les deux sources ont donné à peu près les mêmes principes et dans des proportions identiques, excepté le fer qui se trouve, dans la source Levadou, en proportions bien plus grandes que dans la source Samazeuilh (1).

Nous nous contenterons donc de donner ici les résultats obtenus par la commission de l'Académie royale de médecine dans l'analyse de la source Levadou :

Eau : 1 litre.

Acide carbonique libre..... Très-petite quantité.

	gr.
Eau pure..............................	999,441
Carbonate de chaux................ Carbonate de magnésie.............	0,450
Sulfate de soude et de chaux.........	Traces.
Chlorure de sodium................ Chlorure de calcium................ Chlorure de magnésium.............	0,025
Silicate de soude.................. Silicate de chaux..................	0,011
Silice..............................	0,020
Chromate et carbonate de fer..........	0,048
Chromate de magnésie...............	0,005
	1,000,000

L'eau ferrugineuse de Casteljaloux est adminis-trée en bains, douches et boisson ; mais c'est sur-tout sous cette dernière forme qu'elle est le plus active et qu'elle produit les meilleurs effets ; on la

(1) *Rapport de la Commission de l'Académie royale de mé-decine.* — Paris, 29 juin 1841.

boit à la dose d'un à quatre litres par jour, à jeun ou pendant les repas, coupée avec un peu de vin.

Cette eau est tonique et légèrement excitante, et on l'emploie avec le même succès comme moyen hygiénique ou thérapeutique. Dans le premier cas, elle raffermit les tissus, fortifie les constitutions débiles, régénère la masse du sang, hâte la circulation, stimule les organes digestifs trop paresseux et donne une nouvelle énergie à toutes les fonctions. Dans le second cas, on l'emploie avec succès contre les gastralgies, les embarras gastriques accompagnés de dyspepsie; c'est dans ce cas que ses effets sont surtout prompts et sûrs, et nous avons vu plusieurs fois des malades recouvrer, dès le second jour, à l'aide de ce traitement, un appétit qu'ils avaient perdu depuis longtemps. Cette eau est encore favorable dans les engorgements des viscères abdominaux, dans le rachitisme, le scorbut, l'anémie, les scrofules, en un mot, dans tous les cas où l'organisation affaiblie a besoin d'être tonifiée par un sang plus riche et plus chaud. Elle est d'une efficacité incontestable dans la chlorose, les fleurs blanches, l'aménorrhée et toutes les affections nerveuses qui accompagnent, chez les femmes, les lésions de l'utérus. Les jeunes filles chez lesquelles la première menstruation se fait trop attendre ou ne s'établit pas franchement, y auront recours avec le plus grand avantage.

Ces eaux sont nuisibles aux tempéraments secs et bilieux, dans la phthisie, l'hémoptysie et les affections inflammatoires.

La saison des eaux commence à Casteljaloux au 1er juin et finit aux derniers jours de septembre.

Médecins :
- SALLANAVE, inspecteur.
- DUBURGA,
- LAUJAC.

Cours.

A 9 kilomètres de Casteljaloux, non loin de la grande route qui va de cette ville à Bordeaux, on trouve, dans un vallon agreste et solitaire, situé dans la commune de Cours, département de la Gironde, une source minérale qui ressemble beaucoup, tant par sa composition chimique que par ses propriétés médicales, aux sources de Casteljaloux. Cette source, connue sous le nom de source de Cours, est exploitée par un établissement où l'on trouve plusieurs cabinets de bains, une buvette et des appartements capables de loger soixante et dix ou quatre-vingts personnes.

Les sources de Casteljaloux et de Cours, dont la découverte est de fraîche date, ont déjà acquis une réputation fort étendue, qu'elles doivent aux salutaires effets de leurs eaux. Nous avons tout lieu de croire que cette réputation se justifiera par de nouveaux succès, que l'expérience permettra de mieux apprécier les vertus de ces eaux, d'en faire une application plus juste, de les étendre à de nouvelles affections, et que nous verrons arriver à Casteljaloux et à Cours de nombreux malades qui ne seront plus obligés d'aller chercher au loin une guérison quelquefois incertaine et toujours chèrement achetée.

Médecin inspecteur : FAUGÈRES.

24

Nous bornerons là l'étude des eaux minérales de
Pyrénées et de la Gascogne et nous nous abstien-
drons de parler d'un grand nombre de sources
thermales ou froides qui ne sont pas fréquentées ou
ne le sont que par les habitants de la contrée où
elles coulent.

Et maintenant, ou trouvera-t-on, en Italie, en Allemagne ou ailleurs, un pays dont l'hydrologie soit
plus riche ou plus variée que celle de cette belle
contrée qui tire de ses eaux son ancien nom d'Aqui-
taine (1)? Quel autre pays réunit mieux que celui-ci
toutes ces conditions d'agrément, de bien-être ou
de distractions qui aident d'une manière si efficace
au bon effet des eaux et à la guérison des malades;
telles que la douceur du climat, la pureté de l'air, les
productions du sol ou les beautés de la nature? Si
l'on énumère ensuite la quantité prodigieuse de
maladies qui peuvent être traitées par ces eaux, on

(1) Le poëte excentrique Salluste du Bartas, qui n'est guère
connu aujourd'hui que par les satires de Boileau, et dont la
muse a cependant trouvé bien souvent de belles inspirations
et de gracieuses images, célèbre les eaux minérales de ce pays
par les vers suivants, que nous empruntons à son poëme de
la Semaine :

« Or, comme ma Gascogne heureusement abonde
« En soldats, bleds et vins plus qu'autre part du monde ;
« Elle abonde de même en baings non achetez,
« Où le peuple estranger accourt de tous côtez :
« Où la femme brehaigne, où le paralytique,
« L'ulcéré, le goutteux, le sourd, le sciatique,
« Quittant du blond soleil l'une et l'autre maison,
« Trouvent sans desbourser leur prompte guérison.
« Encausse en est témoin, et les eaux salutaires
« De Cauderetz, Barège, Aigues-Caudes, Baignères. »

ne s'étonnera plus de la proposition que nous avons posée en commençant ce livre et que nous répétons ici.

L'ensemble de toutes ces sources forme un système hydrothérapeutique complet par lequel on peut traiter toutes les maladies tributaires des eaux minérales en général.

CHAPITRE VI.

DES BAINS DE MER.

Les bains de mer constituent par la forme le bain naturel dans toute sa simplicité primitive ; aussi leur origine doit-elle remonter aux premiers âges de l'histoire de l'humanité. Après les avoir longtemps employés comme moyen hygiénique, on finit par leur reconnaître de puissantes vertus médicinales, et Pline nous apprend les nombreuses maladies au traitement desquelles ils étaient employés de son temps chez les Romains. Plus tard on les négligea beaucoup, et, pendant tout le moyen âge, ils furent presque complétement abandonnés. Enfin, depuis une trentaine d'années environ, on en a repris l'usage en France, à l'imitation de l'Angleterre et de l'Allemagne qui y étaient revenues avant nous ; de telle sorte qu'aujourd'hui ces bains sont très-usités et que les heureux résultats qu'on en obtient tendent à leur donner une importance chaque jour plus grande, et à leur assigner une des premières places parmi les moyens thérapeutiques.

Ces bains pourraient se prendre au besoin sur tous les points du rivage, mais on choisit de préférence une plage unie et légèrement inclinée, dont le fond soit bien connu et dont le sable fin et délié ne

puisse meurtrir les pieds. Quelques points de nos
côtes sont surtout fréquentés de préférence par les
baigneurs ; tels sont, Dieppe, Boulogne-sur-Mer, le
Havre, la Rochelle, Royan, Arcachon, Biarritz, sur
l'Océan ; Port-Vendres, Cette, Marseille, etc., sur la
Méditerranée, qui deviennent chaque année le rendez-vous d'un grand nombre de malades ou de gens
oisifs, attirés par le désir de guérir leurs maux ou
de profiter des plaisirs qu'amène le retour de la
saison des bains.

La mer occupe plus des deux tiers de la surface
du globe : dans notre hémisphère, elle est à la terre
comme 1,000 est à 419 ; et dans l'hémisphère austral,
comme 1,000 à 129. —L'eau de la mer présente des
nuances légèrement différentes, selon les climats ou
même selon les divers états du ciel et de l'atmosphère : ainsi la Méditerranée paraît bleue, les Romains l'appelaient *mare cœruleum ;* l'océan Atlantique, sur nos côtes, est d'un vert glauque, *mare
glaucum.* La mer est d'une couleur obscure et plom-
bée, à l'approche des orages ; elle est d'un jaune
terreux après les tempêtes ; d'un éclat sombre et
métallique pendant les calmes de l'été. Cependant,
malgré ces diverses apparences, qui ne sont dues la
plupart du temps qu'aux divers reflets de la lumière,
cette eau, regardée au travers d'un verre, est parfaitement limpide et transparente. — Elle est également inodore, et l'on se tromperait si on lui attri-
buait cette odeur particulière appelée odeur de
marée, que l'on respire sur le rivage, et qui est due
aux émanations des algues, des varechs, des mol-

24.

lusques, des zoophytes et enfin de tous les produits organiques marins que le flot jette sur la plage.

Un des phénomènes les plus curieux et les plus intéressants que présente la mer, et qui n'est peut-être pas sans quelque influence sur ses propriétés médicales, c'est sa phosphorescence. Il arrive souvent, durant certaines nuits, que cette eau, lorsqu'on l'agite, paraît tout en feu ; le sillage du navire qui la parcourt laisse derrière lui une longue traînée lumineuse, et les avirons semblent soulever des flots d'un liquide enflammé. Rien n'égale la beauté d'un pareil spectacle en pleine mer, par une nuit obscure. Ce phénomène, qui se présente dans toutes les latitudes d'une manière fort inconstante et fort variable, a été l'objet d'un grand nombre de théories par lesquelles on a essayé de l'expliquer, et qui, toutes, sont plus ou moins conjecturales. Cependant on l'attribue assez généralement à la présence de petits mollusques ou de zoophytes phosphorescents qui vivent dans cette eau. Si c'est bien là la véritable cause de ce phénomène, on sera forcé cependant de convenir qu'il se présente sous la dépendance de certaines conditions particulières ; sans cela comment expliquer cette inconstance qui se fait remarquer dans ses apparitions ? Il arrive en effet telle nuit où cette phosphorescence brille dans tout son éclat, et, la nuit suivante, il n'en reste plus la moindre trace.

L'eau de mer transportée s'altère avec la plus grande facilité. Il est difficile de donner pour le moment une explication satisfaisante de ce phénomène. On ne peut pas invoquer ici, comme pour les eaux minérales, le contact de l'air, puisque la mer est sans cesse en rapport avec cet élément : la question devient donc beaucoup plus difficile et plus embarrassante. Ne dirait-on pas en effet d'un membre qui meurt et se décompose lorsqu'il est séparé du tronc? nous n'étions donc pas tombé dans une exagération métaphysique si étrange, lorsque nous disions, à propos des eaux minérales, que ces eaux paraissent jouir d'une certaine vitalité, et qu'elles ont leur physiologie particulière, puisque la même chose semble se montrer dans l'eau de la mer.

Cette eau a une saveur amère, dure, salée et nauséeuse qui prend fortement à la gorge et qui est le résultat des différents sels ainsi que des principes organiques qui s'y trouvent en dissolution. Ces mêmes sels la rendent impotable, c'est-à-dire qu'elle ne désaltère pas; elle ne dissout pas le savon et est impropre à la plupart des usages domestiques. Cependant on l'obtient pure par la congélation ou par la distillation, qui ont la propriété de la séparer de ses sels, et c'est à ce dernier procédé qu'est due une grande partie de l'eau qui se consomme aujourd'hui à bord de beaucoup de bâtiments. — La densité et la pesanteur spécifiques de l'eau de mer sont plus grandes que celles de l'eau ordinaire, et suivent toutes deux les proportions de matières salines : d'après les expériences de MM. Lagrange et Vogel, cette densité est, dans l'Océan, terme moyen, de 1,0289. Sa température est aussi généralement plus élevée et plus constante que celle de l'eau douce : pendant les chaleurs de l'été, elle varie sur nos côtes entre 15 et 20 degrés.

L'eau de mer contient une grande quantité de sels en dissolution ; surtout du chlorure de sodium. Ces sels, qui sont à peu près les mêmes partout, quant à leur nature, varient cependant dans leurs proportions, selon les latitudes ou les différentes mers. Ainsi l'Océan est plus salé dans l'hémisphère nord que dans l'hémisphère sud ; les petites mers sont moins salées que les grandes ; il faut toutefois excepter de cette règle la Méditerranée et la mer Morte ou lac Asphaltite. Cette eau est d'autant plus salée qu'on la prend à une plus grande profondeur.

Nous reproduisons ici l'analyse comparative de l'Océan et de la Méditerranée, qui a été faite par MM. Bouillon-Lagrange et Vogel ; cette analyse a fourni :

Pour un litre d'eau :

	Océan.	Méditerranée.
	lit.	lit.
Acide carbonique............	0,230	0,110
Chlorure de sodium..........	26,646	26,646
Chlorure de magnésium.......	5,853	7,203
Sulfate de magnésie	6,465	6,991
Sulfate de chaux............	0,150	0,150
Carbonate de magnésie et de chaux	0,200	0,150
Total....	39,314	41,140

Il faut ajouter à ces substances l'hydrochlorate d'ammoniaque, d'alumine et de potasse, l'iode et enfin le brome, découvert par M. Balard, de Montpellier, dans l'eau de la Méditerranée.

Propriétés médicales. — L'eau de mer, administrée en boisson à une dose convenable, est un excellent purgatif. Comme tel, elle est d'un usage banal parmi les marins qui la prennent à la dose de deux à quatre verres, le matin à jeun. Elle manque alors rarement son effet. Prise à des doses plus modérées, cette eau est employée avec avantage : comme tonique, chez les tempéraments mous et lymphatiques ; comme fondant, dans les scrofules, les engorgements des organes abdominaux ; enfin comme excitant, dans la chlorose, l'aménorrhée, les fleurs blanches. Nous avons été à même, bien souvent, de juger de ces diverses qualités de l'eau de mer, et nous l'avons vue, presque toujours, produire d'heureux résultats, surtout dans les scrofules. Avant de l'employer, il sera important de s'assurer avec le plus grand soin qu'il n'existe pas de symptômes inflammatoires du côté du tube digestif : la négligence de cette précaution pourrait occasionner les accidents les plus graves. On fait concourir ordinairement la boisson avec les bains, à moins que quelque circonstance particulière ne s'y oppose.

Mais c'est surtout sous forme de bains que l'eau de mer est employée : outre les effets du bain frais ordinaire, pour lesquels nous renvoyons le lecteur au chapitre 1er de cet ouvrage, les bains de mer ont encore des effets particuliers qui sont dus aux sels que l'eau tient en dissolution. Ces sels stimulent la peau à l'extérieur, pénètrent par absorption dans

les organes les plus profonds, à l'intérieur, et par
cette double voie, produisent sur tout l'organisme
une stimulation des plus salutaires.

Les bains de mer sont employés également avec
avantage, comme moyen hygiénique et comme
moyen thérapeutique.

Dans le premier cas, ils durcissent la peau, raffermissent les tissus, donnent une nouvelle énergie
au système musculaire, suppriment les sueurs im-
modérées, tonifient les organes, activent et facilitent
leurs fonctions, fortifient les tempéraments débiles
et lymphatiques, et relèvent les organisations abat-
tues par la fatigue ou par de longues maladies.

Comme moyen thérapeutique, les bains de mer
produisent une révulsion favorable à la peau, fortifient l'économie et procurent ainsi à la nature l'é-
nergie nécessaire pour combattre les maladies. Enfin,
ils modifient profondément les humeurs, en mêlant
à la circulation les principes salins que l'eau tient
en dissolution.

C'est surtout dans les scrofules et le rachitisme
que les effets salutaires des bains de mer, aidés,
comme nous l'avons dit, de l'usage de l'eau à l'intérieur, se manifestent d'une manière héroïque. Les
accidents consécutifs de ces maladies, tels que l'engorgement des ganglions, le carreau, l'ophthalmie,
les ulcères fistuleux, les déviations des membres et
du tronc, sont toujours puissamment modifiés par
cette médication. Il en est de même pour le ramollissement ou la carie des os, les tumeurs blanches,
les fausses ankyloses, les engorgements articulaires.

Les gastralgies accompagnées de digestions diffi-
ciles, les vomissements spasmodiques, les coliques
néphrétiques, les engorgements du foie, de la rate,
du mésentère, retireront les plus heureux effets des
bains de mer, aidés toujours de l'usage de l'eau en
boisson.

Ces bains offrent un puissant moyen de guérison
contre les différentes formes de névroses, la chorée,
l'hystérie, l'hypochondrie, les palpitations nerveuses,
les anxiétés épigastriques. M. Gaudet, médecin inspecteur à Dieppe, affirme qu'il n'est pas de médication plus sûre à opposer aux céphalées, aux hémicra-
nies, aux névralgies faciales, que les bains de mer
acompagnés d'affusions que l'on se fait pratiquer
sur la tête. — Cette dernière circonstance est, selon
lui, indispensable.

Les femmes auront recours avec le plus grand
avantage aux bains de mer dans la chlorose, les
fleurs blanches, l'aménorrhée, la dysménorrhée, la
métrorrhagie, les déviations ou les engorgements de
l'utérus; dans l'anaphrodisie, et enfin dans cet état
d'éréthisme nerveux qui revêt si souvent chez ce
sexe les formes les plus variées et les plus bizarres.
Elles y trouveront souvent la fécondité qui jusque-là
avait trompé leurs espérances.

Ces bains peuvent réussir encore dans certaines
formes sèches de dermatoses, l'incontinence d'urines, les pertes séminales involontaires, les rhumatismes chroniques, la paralysie.

Les bains de mer sont un agent trop énergique
pour ne pas être contre-indiqués dans un grand nom-

bre de circonstances. Ainsi on s'en abstiendra avec
soin dans l'état pyrétique ou inflammatoire, dans la
pléthore, surtout lorsqu'il y a menace de congestion cérébrale, dans les anévrysmes, les affections
organiques du cœur, la goutte, le rhumatisme aigu,
les entéralgies, les coliques intestinales ou utérines.
Ils ne conviennent nullement aux vieillards, aux
femmes enceintes, de même qu'aux tempéraments
trop faibles pour pouvoir fournir à la réaction qui
doit toujours accompagner le bain. L'insurmontable
terreur qu'inspire à certaines personnes l'aspect
de la mer doit être encore pour elles un motif de
s'abstenir de ce bain.

On se baigne ordinairement à marée haute ou
lorsqu'elle monte, parce qu'alors l'eau est plus
chaude que lorsqu'elle descend : cette différence va
quelquefois jusqu'à 5 ou 6 degrés. Dans la Méditerranée, où il n'y a pas de marée, on peut se baigner à toute heure. Le moment le plus favorable
est cependant le matin, à jeun, de 8 à 10 heures. Les
tempéraments faibles chez lesquels la réaction s'o-
père difficilement choisiront le milieu de la journée.
— Il faut se plonger subitement dans l'eau et y plonger même la tête à plusieurs reprises ; cette précaution
est importante pour éviter les céphalalgies. Quelques
baigneurs se font verser, pendant qu'ils sont dans le
bain, des sceaux d'eau sur la tête. Nous avons vu
que ces affusions étaient surtout très-avantageuses
dans les migraines et les névralgies.

Les personnes qui savent nager se livreront avec
avantage à cet exercice salutaire qui aidera consi-

dérablement aux bons effets du bain. Du reste, la densité de l'eau de mer étant plus grande que celle de l'eau douce, la natation y est plus facile que dans celle-ci. Les malades faibles ou timides se confient à un guide qui les prend dans ses bras et les plonge dans la mer à plusieurs reprises, après quoi ils se placent de manière à recevoir la lame qui, frappant le corps et le submergeant même quelquefois tout entier, produit un ébranlement salutaire analogue à celui de la douche. — Le bain de mer doit être de courte durée, de cinq à douze minutes, un quart d'heure, enfin vingt minutes au plus. Les Anglais, qui en font un grand usage, se bornent à une, deux ou trois immersions. Dans tous les cas, il sera prudent de ne pas attendre le second frisson, surtout lorsque la faiblesse du sujet fait craindre une réaction difficile. On se trouve bien, dans ce cas, de l'usage des bains d'eau de mer chauffée.

Il faut attendre, avant de se mettre dans le bain de mer, que la digestion du dernier repas soit terminée ; il sera bon de faire une petite promenade en plein air, avant et après le bain.

Après s'être essuyé et avoir repris ses vêtements, le baigneur sent une chaleur vive pénétrer tous ses membres. C'est une preuve que la réaction s'opère et que le bain a produit un effet favorable.

Les bons effets du bain de mer sont favorisés par l'air vif et pur que l'on respire sur le rivage. Cet air donne la vigueur et la santé et produit sur tout l'organisme une action tonique des plus salutaires.

Et qui n'a contemplé avec admiration ces belles

races, saines, vivaces et bien constituées qui peuplent les côtes et que l'on chercherait vainement dans les provinces de l'intérieur? C'est là sans doute la signification de cette gracieuse allégorie des Grecs, qui nous peint Vénus Aphrodite, sortant du sein de l'onde : Vénus, c'est-à-dire la beauté, l'amour et la santé, sans laquelle les deux autres attributs ne sauraient exister.

Sur les personnes qui ne sont pas habituées à son influence ou qui en ont été privées pendant quelque temps, l'air de la mer active la circulation, stimule l'appétit, dilate la poitrine qui l'aspire avec volupté, enfin il fait éprouver un certain sentiment de gaieté et de bien-être indéfinissable. C'est pour cela peut-être que les marins, une fois à terre, regrettent la mer comme on regrette sa patrie ou son air natal. Ils éprouvent de véritables accès de nostalgie et ils soupirent après le moment heureux où ils pourront revenir sur leur élément et recommencer leur vie aventureuse, cette vie pour eux si pleine de charmes (1).

Le séjour au bord de la mer suffit quelquefois pour opérer seul la guérison de certaines maladies

---

(1) « Le soir, dit un intrépide voyageur, lorsque le soleil « disparaît dans les flots, derrière le môle, je vais m'asseoir sur « le rivage et rêver en regardant la mer. Là, à l'aspect de « cette maîtresse tant aimée qui m'a si longtemps bercé sur « son sein et dont la voix bien connue semble m'appeler en-« core, je sens mon cœur frémir d'impatience, et j'éprouve « un violent désir de m'abandonner de nouveau aux caprices « de l'Océan, et de recommencer mes voyages lointains. »

asthéniques, de la chlorose, de l'hypochondrie.
L'homme vit d'air autant que de pain, dit Bordeu.
Cette maxime qui, de prime abord, paraîtra peut-
être un peu exagérée, est pourtant d'une exactitude
rigoureuse ; pour s'en convaincre d'ailleurs, il suffit
de contempler ces organisations cachectiques, ces
tempéraments ruinés par les excès ou par les maladies, ces enfants lymphatiques étiolés par le séjour
des villes, qui viennent chercher la santé sur les
côtes de la Méditerranée, à Cette, à Marseille, à
Toulon, à Hyères, etc. Bientôt, au souffle ardent de
cet air méridional, leur peau se colore, leurs membres ressentent une vigueur inconnue jusqu'alors ;
un sang plus chaud et plus généreux circule dans
leurs veines avec plus d'énergie, enfin ils se sentent
tout régénérés et commencent une existence nouvelle.

Disons cependant que l'air de la mer, à cause de
ses propriétés excitantes, ne convient pas aux poitrines faibles et délicates ; et que, dans les cas de
phthisie pulmonaire par exemple, loin de produire
des effets avantageux, il hâte la résolution des tubercules et mène rapidement le malade à une ca-
tastrophe suprême.

La saison des bains de mer commence, vers le
15 juin, dans la Méditerranée, au 1er juillet dans le
golfe de Gascogne, et au 15 juillet dans la Manche.
Elle dure jusqu'au 1er ou au 15 septembre.

L'extrême facilité avec laquelle l'eau de mer se
décompose, empêche d'en faire usage, soit en bains,
soit en boisson, ailleurs que sur place.

ORDONNANCE ROYALE

QUI RÉGIT LES ÉTABLISSEMENTS D'EAUX MINÉRALES NATURELLES
ET FACTICES.

Paris, le 18 juin 1823.

Louis, par la grâce de Dieu, ROI DE FRANCE ET DE NA-
VARRE,

A tous ceux qui ces présentes verront, SALUT :

Sur le rapport de notre ministre secrétaire d'État au
département de l'intérieur,

Informé que l'exécution des lois et règlements sur
l'administration et la police des eaux minérales est négligée ; que leurs dispositions ne sont point assez connues, faute d'avoir été rappelées et mises ensemble ;
qu'il n'en a point été fait une suffisante application aux
eaux minérales artificielles ;

Vu la déclaration du 25 avril 1772, les arrêts du conseil des 1er avril 1774 et 5 mai 1781, ainsi que l'article 11 de la loi du 24 août 1790, et l'article 484 du
Code pénal, qui ont maintenu en vigueur ces anciens
règlements ;

Vu les arrêtés du gouvernement des 18 mai 1799

25.

(29 floréal an VII), 23 avril 1800 (3 floréal an VIII), 27 décembre 1802 (6 nivôse an XI), et la loi du 11 avril 1803 (21 germinal an XI);

Vu enfin ce qui concerne le traitement des inspecteurs, les lois des finances des 17 août 1822 et 10 mai 1823;

Considérant que les précautions générales à prendre et les garanties à exiger, dans l'intérêt de la santé publique, à l'égard des entreprises ayant pour but la fabrication ou le débit de médicaments quelconques, forment une des branches les plus importantes de la police administrative;

Que l'expérience n'a cessé de démontrer la nécessité des règles particulières qui concernent les eaux minérales, et les inconvénients inséparables de toute négligence dans leur exécution;

Que cette nécessité est surtout démontrée pour les eaux minérales artificielles, afin de prévenir non-seulement les dangers de leur altération et de leur faux emploi, mais les dangers plus grands qui peuvent résulter de leur préparation;

A CES CAUSES,

Notre Conseil d'État entendu,

NOUS AVONS ORDONNÉ ET ORDONNONS ce qui suit:

TITRE PREMIER.

Dispositions générales.

ARTICLE Iᵉʳ. — Toute entreprise ayant pour effet de livrer ou d'administrer au public des eaux minérales naturelles ou artificielles, demeure soumise à une autorisation préalable et à l'inspection d'hommes de l'art, ainsi qu'il sera réglé ci-après.

Sont exceptés de ces conditions les débits desdites eaux qui ont lieu dans des pharmacies.

ART. II. — Les autorisations exigées par l'article précédent continueront à être délivrées par notre ministre secrétaire d'État de l'intérieur, sur l'avis des autorités locales, accompagné, pour les eaux minérales naturelles, de leur analyse, et pour les eaux minérales artificielles, des formules de leur préparation.

Elles ne pourront être révoquées qu'en cas de résistance aux règles prescrites par la présente ordonnance, ou d'abus qui seraient de nature à compromettre la santé publique.

ART. III. — L'inspection ordonnée par le même article Iᵉʳ continuera à être confiée à des docteurs en médecine ou en chirurgie ; la nomination en sera faite par notre ministre secrétaire d'État de l'intérieur, de manière à ce qu'il n'y ait qu'un inspecteur par établissement, et à ce qu'un même inspecteur en inspecte plusieurs, lorsque le service le permettra.

Il pourra néanmoins, là où ce sera jugé nécessaire, être nommé des inspecteurs-adjoints à l'effet de remplacer les inspecteurs titulaires en cas d'absence, de maladie ou de tout autre empêchement.

ART. IV. — L'inspection a pour objet tout ce qui, dans chaque établissement, importe à la santé publique.

Les inspecteurs font dans ce but aux propriétaires, régisseurs ou fermiers, les propositions et observations qu'ils jugent nécessaires; ils portent au besoin leurs plaintes à l'autorité et sont tenus de lui signaler les abus venus à leur connaissance.

ART. V. — Ils veillent particulièrement à la conservation des sources, à leur amélioration ; à ce que les eaux minérales artificielles soient toujours conformes aux formules approuvées, et à ce que les unes et les autres eaux ne soient ni falsifiées ni altérées. Lorsqu'ils s'aperçoivent qu'elles le sont, ils prennent ou requièrent les précautions nécessaires pour empêcher qu'elles ne puissent être livrées au public, et provoquent, s'il y a lieu, telles poursuites que de droit.

ART. VI. — Ils surveillent, dans l'intérieur des établissements, la distribution des eaux, l'usage qui en est fait par les malades, sans néanmoins pouvoir mettre obstacle à la liberté qu'ont ces derniers de suivre les prescriptions de leurs propres médecins ou chirurgiens et même d'être accompagnés par eux, s'ils le demandent.

ART. VII. — Les traitements des inspecteurs étant une charge des établissements inspectés, les propriétaires, régisseurs ou fermiers seront nécessairement entendus pour leur fixation, laquelle continuera à être faite par les préfets et confirmée par notre ministre secrétaire d'État de l'intérieur.

Il n'est point dû de traitement aux inspecteurs-adjoints.

Art. VIII. — Partout où l'affluence du public l'exigera, les préfets, après avoir entendu les propriétaires et les inspecteurs, feront des règlements particuliers qui auront en vue l'ordre intérieur, la salubrité des eaux, leur libre usage, l'exclusion de toute préférence dans les heures à assigner aux malades pour les bains ou douches, et la protection particulière due à ces derniers dans tout établissement placé sous la surveillance spéciale de l'autorité.

Lorsque l'établissement appartiendra à l'État, à un département, une commune ou une institution charitable, le règlement aura aussi en vue les autres branches de son administration.

Art. IX. — Les règlements prescrits par l'article précédent seront transmis à notre ministre secrétaire d'État de l'intérieur, qui pourra y faire telles modifications qu'il jugera nécessaires.

Ils resteront affichés dans les établissements, et seront obligatoires pour les personnes qui les fréquenteront, comme pour les individus attachés à leur service. Les inspecteurs pourront requérir le renvoi de ceux de ces derniers qui refuseraient de s'y conformer.

Art. X. — Resteront pareillement affichés dans ces établissements et dans tous les bureaux destinés à la vente d'eaux minérales, les tarifs ordonnés par l'article 10 de l'arrêté du gouvernement du 27 décembre 1802.

Lorsque ces tarifs concerneront des entreprises particulières, l'approbation des préfets ne pourra porter aucune modification dans les prix, et servira seulement à les constater.

Art. XI. — Il ne sera, sous aucun prétexte, exigé ni perçu des prix supérieurs à ces tarifs.

Les inspecteurs ne pourront également rien exiger des malades dont ils ne dirigeront pas le traitement, ou auxquels ils ne donneront pas des soins particuliers.

Ils continueront à soigner gratuitement les indigents admis dans les hospices dépendants des établissements thermaux, et seront tenus de les visiter au moins une fois par jour.

Art. XII. — Les divers inspecteurs rempliront et adresseront chaque année à notre ministre de l'intérieur des tableaux dont il sera fourni des modèles ; ils y joindront les observations qu'ils auront recueillies, et les mémoires qu'ils auront rédigés sur la nature, la composition et l'efficacité des eaux, ainsi que sur le mode de leur application.

TITRE II.

Dispositions particulières à la fabrication des eaux minérales artificielles, aux dépôts et à la vente de ces eaux et des eaux minérales naturelles.

Art. XIII. — Tous individus fabriquant des eaux minérales artificielles ne pourront obtenir ou conserver l'autorisation exigée par l'art. Ier qu'à la condition de se soumettre aux dispositions qui les concernent dans la présente ordonnance ; de subvenir aux frais d'inspection ; de justifier des connaissances nécessaires pour de telles entreprises, ou de présenter pour garant un pharmacien légalement reçu.

Art. XIV. — Ils ne pourront s'écarter, dans leurs préparations, des formules approuvées par notre ministre secrétaire d'État de l'intérieur, et dont copie restera dans les mains des inspecteurs chargés de veiller à ce qu'elles soient exactement suivies.

Ils auront néanmoins, pour des cas particuliers, la faculté d'exécuter des formules magistrales sur la prescription écrite et signée d'un docteur en médecine ou en chirurgie.

Ces prescriptions seront conservées pour être représentées à l'inspecteur, s'il le requiert.

Art. XV. — Les autorisations nécessaires pour tous dépôts d'eaux minérales naturelles ou artificielles, ailleurs que dans des pharmacies ou dans les lieux où elles sont puisées ou fabriquées, ne seront pareillement accordées qu'à la condition expresse de se soumettre aux présentes règles et de subvenir aux frais d'inspection.

Il n'est néanmoins rien innové à la faculté que les précédents règlements donnent à tout particulier de faire venir des eaux minérales pour son usage et pour celui de sa famille.

Art. XVI. — Il ne peut être fait d'expédition d'eaux minérales naturelles hors de la commune où elles sont puisées, que sous la surveillance de l'inspecteur; les envois doivent être accompagnés d'un certificat d'origine par lui délivré, constatant les quantités expédiées, la date de l'expédition, et la manière dont les vases ou bouteilles ont été scellés au moment même où l'eau a été puisée à la source.

Les expéditions d'eaux minérales artificielles seront pareillement surveillées par l'inspecteur, et accompagnées d'un certificat d'origine délivré par lui.

Art. XVII. — Lors de l'arrivée desdites eaux aux lieux de leur destination, ailleurs que dans des pharmacies ou chez des particuliers, les vérifications nécessaires pour s'assurer que les précautions prescrites ont été observées et qu'elles peuvent être livrées au public, seront faites par les inspecteurs. Les caisses ne seront ouvertes qu'en leur présence, et les débitants devront tenir registre des quantités reçues, ainsi que des ventes.

Art. XVIII. — Là où il n'aura point été nommé d'inspecteur, tous établissements d'eaux minérales naturelles ou artificielles seront soumis aux visites ordonnées par les articles 29, 30 et 31 de la loi du 11 avril 1803 (22 germinal an IX).

TITRE III.

De l'administration des sources minérales appartenant à l'État, aux communes ou aux établissements charitables.

Art. XIX. — Les établissements d'eaux minérales qui appartiennent à des départements, à des communes ou à des institutions charitables, seront gérés pour leur compte. Toutefois les produits ne seront point confondus avec leurs autres revenus, et continueront à être spécialement employés aux dépenses ordinaires et extraordinaires desdits établissements, sauf les excédants disponibles après qu'il aura été satisfait à ces dépenses.

Les budgets et les comptes seront aussi présentés et arrêtés séparément, conformément aux règles prescrites pour ces trois ordres de services publics.

Art. XX. — Ceux qui appartiennent à l'État continueront à être administrés par les préfets, sous l'autorité de notre ministre secrétaire d'État de l'intérieur, qui en arrêtera les budgets et les comptes, et fera imprimer tous les ans, pour être distribué aux chambres, un tableau général et sommaire de leurs recettes et de leurs dépenses ; sera aussi imprimé à la suite dudit tableau le compte sommaire des subventions portées au budget de l'État pour les établissements thermaux.

Art. XXI. — Les établissements, objet du présent titre, seront mis en ferme, à moins que, sur la demande des autorités locales et des administrations propriétaires, notre ministre de l'intérieur n'ait autorisé leur mise en régie.

Art. XXII. — Les cahiers des charges, dont feront nécessairement partie les tarifs exigés par l'article X, devront être approuvés par les préfets, après avoir entendu les inspecteurs. Les adjudications seront faites publiquement et aux enchères.

Les clauses des baux stipuleront toujours que la résiliation pourra être prononcée immédiatement par le conseil de préfecture, en cas de violation du cahier des charges.

Art. XXIII. — Les membres des administrations pro-

priétaires ou surveillantes, ni les inspecteurs, ne pourront se rendre adjudicataires desdites fermes, ni y être
intéressés.

Art. XXIV. — En cas de mise en régie, le régisseur
sera nommé par le préfet. Si l'établissement appartient
à une commune ou à une administration charitable,
la nomination ne sera faite que sur la présentation du
maire ou de cette administration.

Seront nommés de la même manière les employés et
servants attachés au service des eaux minérales dans les
établissements objet du présent titre.

Toutefois ces dernières nominations ne pourront avoir
lieu que de l'avis de l'inspecteur.

Si l'établissement appartient à plusieurs communes,
les présentations seront faites par le maire de la commune où il sera situé.

Les mêmes formes seront observées pour la fixation
du traitement des uns et des autres employés, ainsi que
pour leur révocation.

Art. XXV. — Il sera procédé pour les réparations,
constructions, reconstructions et autres travaux, conformément aux règles prescrites pour la branche de
service public à laquelle l'établissement appartiendra,
et à nos ordonnances des 8 août, 31 octobre 1821 et
22 mai 1822.

Toutefois ceux de ces travaux qui ne seront point de-
mandés par l'inspecteur ne pourront être ordonnés
qu'après avoir pris son avis.

Art. XXVI. — Notre ministre secrétaire d'État au département de l'intérieur est chargé de l'exécution de la présente ordonnance.

Donné en notre château des Tuileries, le 18 juin de l'an de grâce mil huit cent vingt-trois et de notre règne le vingt-neuvième.

Signé, LOUIS.

FIN.

TABLE DES MATIÈRES

CHAPITRE V.

Des Eaux ferrugineuses, acidules-gazeuses et salines des Pyrénées.

—

CHAPITRE VI.

Des Bains de mer.

ORDONNANCE ROYALE

FIN DE LA TABLE DES MATIÈRES.

CORBEIL, typ. et stéréot. de CRÉTÉ.

PUBLICATIONS SCIENTIFIQUES IN-18 DE LA LIBRAIRIE VICTOR MASSON.

MÉDECINE.

Bichat. RECHERCHES PHYSIOLOGIQUES SUR LA VIE ET LA MORT, avec une Notice sur la vie et les travaux de Bichat, et avec des notes par le docteur Cerise. 2e édit., ornée d'une vignette sur acier. 1 vol. . . . . 3 fr. 50

Cabanis. RAPPORTS DU PHYSIQUE ET DU MORAL DE L'HOMME. Nouvelle édition contenant l'extrait raisonné de Destutt Tracy, la table alphabétique et analytique de Sue, une notice biographique sur Cabanis, et un Essai sur les Principes et les Limites de la Science des rapports du Physique et du Moral, par le docteur Cerise. 2 vol. . . . . 7 fr.

Clavel. TRAITÉ D'ÉDUCATION PHYSIQUE ET MORALE accompagné de plans d'ensemble indiquant la disposition principale des établissements d'instruction publique, par E. Muller, ingénieur civil. 2 vol. avec 2 cartes. . . . . 7 fr.

Marshall Hall. APERÇU DU SYSTÈME SPINAL DIASTALTIQUE ou Système des actions réflexes dans ses applications à la physiologie et à la pathologie. 1 vol. grand in-18, avec figures. 4 fr.

Moure et Martin. PRÉCIS DE THÉRAPEUTIQUE SPÉCIALE, de pharmaceutique, de pharmacologie. 1 beau vol. compacte. . . . . . 3 fr. 50

Roussel. SYSTÈME PHYSIQUE ET MORAL DE LA FEMME, nouvelle édition, contenant une notice biographique sur Roussel et des notes, par le docteur Cerise. 1 vol. . . . . 3 fr. 50.

Sappey. TRAITÉ D'ANATOMIE DESCRIPTIVE, avec figures dans le texte. 4 vol. . . . . . . 20 fr.

Sédillot. TRAITÉ DE MÉDECINE OPÉRATOIRE, Bandages et Appareils, avec figures dans le texte. 2e éd. revue et augmentée. 4 vol. . 16 fr.

ZOOLOGIE.

Comte (Achille). STRUCTURE ET PHYSIOLOGIE ANIMALES, démontrées à l'aide de figures coloriées, découpées et superposées. Ouvrage rédigé sur le nouveau programme, pour la classe de Rhétorique. Paris, 1858. 1 vol. gr. in-18, avec 8 planches gravées en taille-douce, et figures intercalées dans le texte. . . . . . . 6 fr.

Edwards (Milne). COURS ÉLÉMENTAIRE DE ZOOLOGIE. 1 vol. avec 465 figures dans le texte. . . . . 6 fr.

Edwards (Milne). NOTIONS PRÉLIMINAIRES DE ZOOLOGIE, avec 352 figures. . . . . . 3 fr.

BOTANIQUE.

Cosson (E.) et Germain (E.). ATLAS DE LA FLORE des environs de Paris. 1 vol. cartonné contenant 42 planch. avec texte explicatif. 9 fr.

Germain de Saint-Pierre (E.). GUIDE DU BOTANISTE, etc., accompagné d'un Traité élémentaire des propriétés et usages économiques des plantes, et suivi d'un Dictionnaire des mots techniques de botanique. 2 vol. . . . . . 7 fr. 50

Jussieu (A. de). COURS ÉLÉMENTAIRE DE BOTANIQUE. 5e édit. 1 vol. avec figures. 6 fr.

Payer. NOTIONS PRÉLIMINAIRES DE BOTANIQUE, avec figures. . . . .

TRAITÉ DE BOTANIQUE comprenant : 1o l'anatomie et la physiologie végétale ; 2o la classification des végétaux ; 3o l'herborisation ; avec l'indication des plantes médicinales les plus usuelles, de leurs différentes propriétés et de leur emploi particulier. Deuxième édition avec 27 planches et 3 tableaux. . . . . 3 fr.

GÉOLOGIE.

Beudant (F. S.). COURS ÉLÉMENTAIRE DE MINÉRALOGIE ET DE GÉOLOGIE. 6e édition. 1 vol. avec figures. . . . . 6 fr.

D'Orbigny (Alcide). COURS ÉLÉMENTAIRE DE PALÉONTOLOGIE et de Géologie stratigraphiques. 3 vol. avec 1048 figures. 17 tableaux réunis en un atlas in-4 cartonné. . . . . 15 fr.

Klée (Fréd.). LE DÉLUGE. Considérations géologiques et historiques sur les derniers cataclysmes du globe. 1 vol. . . . . . . 3 fr. 50

ÉCONOMIE RURALE.

Coste. INSTRUCTIONS PRATIQUES SUR LA PISCICULTURE, 2e édition.

Joigneaux (P.). LA CHIMIE DU CULTIVATEUR. 1 vol. . . . . 2 fr.

Dubreuil (A.). COURS ÉLÉMENTAIRE THÉORIQUE ET PRATIQUE D'ARBORICULTURE. 3e édit. 1 vol. en 2 parties avec 5 vignettes et 811 figures. . . . . 9 fr.

Dubreuil (A.). INSTRUCTION ÉLÉMENTAIRE SUR LA CONDUITE DES ARBRES FRUITIERS. — Greffes. — Taille. — Restauration. — Culture. — Récolte et conservation des fruits, avec 120 fig. . . . . 2 fr.

Girardin et Dubreuil. TRAITÉ ÉLÉMENTAIRE D'AGRICULTURE. 2 vol. avec figures. . . 15 fr.

CHIMIE ET PHYSIQUE.

Gavaret. PHYSIQUE MÉDICALE. De la chaleur produite par les êtres vivants. 1 vol. avec 41 fig. 6 fr.

Gerhardt et Chancel. PRÉCIS D'ANALYSE QUALITATIVE. 1 vol. avec figures. . . . . 5 fr.

Gerhardt et Chancel. PRÉCIS D'ANALYSE QUANTITATIVE. 1 vol. avec figures.

Laurent. PRÉCIS DE CRISTALLOGRAPHIE, suivi d'une Méthode simple d'analyse au chalumeau. 1 vol. avec 175 figures. . . . . 1 fr. 25

J. Lefort. CHIMIE DES COULEURS POUR LA PEINTURE À L'EAU ET À L'HUILE. Comprenant l'historique, la synonymie, les propriétés physiques et chimiques, la préparation, les falsifications, l'action toxique et l'emploi des couleurs anciennes et nouvelles. 1 vol. . 5 fr.

Lehmann (le professeur Lehmann de Leipzig). PRÉCIS DE CHIMIE PHYSIOLOGIQUE. Traduction du professeur Drion. 1 vol. avec fig. 5 fr.

Pelouze et Fremy. ABRÉGÉ DE CHIMIE. 3e édition. 3 vol. avec 174 fig. . . . . 5 fr.

Regnault. PREMIERS ÉLÉMENTS DE CHIMIE. 3e édit. 1 vol. avec figures. . . . . 5 fr.

Regnault. COURS ÉLÉMENTAIRE DE CHIMIE. 4e édit. 4 vol. avec 2 pl. et fig. . . . . 20 fr.

Delaunay. COURS ÉLÉMENTAIRE DE MÉCANIQUE. 3e édit. 1 vol. avec fig. . . . . . . 8 fr.

Delaunay. COURS ÉLÉMENTAIRE D'ASTRONOMIE. 2e édit. 1 vol. avec fig. . . . . 7 fr. 50

LITTÉRATURE SCIENTIFIQUE.

Figuier. DÉCOUVERTES SCIENTIFIQUES MODERNES (Exposition et Histoire des). 4e édit. 3 vol. . . . . 10 fr. 50

Quatrefages (A. de). SOUVENIRS D'UN NATURALISTE. 2 vol. . . . . 7 fr.

Zimmermann. LA SOLITUDE. Traduction nouvelle par X. Marmier. 1 vol. . . . . . 3 fr. 50

CORBEIL, typographie de Crété.

.